Heather Montoya

A sustentabilidade do búfalo tribal na região das Grandes Planícies

Heather Montoya

A sustentabilidade do búfalo tribal na região das Grandes Planícies

ScienciaScripts

Imprint

Cover image: www.ingimage.com

This book is a translation from the original published under ISBN 978-3-659-85401-9.

Publisher:
Sciencia Scripts
is a trademark of
Dodo Books Indian Ocean Ltd. and OmniScriptum S.R.L publishing group

120 High Road, East Finchley, London, N2 9ED, United Kingdom
Str. Armeneasca 28/1, office 1, Chisinau MD-2012, Republic of Moldova, Europe
Printed at: see last page
ISBN: 978-620-8-33471-0

Índice:

A sustentabilidade das manadas tribais de búfalos na região das Grandes Planícies

BY

Heather M. Hatfield-Montoya

Agradecimentos

Gostaria de agradecer ao InterTribal Buffalo Council e às tribos que me permitiram entrevistá-las e estudar e aprender não só sobre os seus programas de búfalos, mas também sobre as suas culturas individuais. Obrigado por me permitirem concluir esta investigação.

Agradeço sinceramente às seguintes pessoas pelo seu apoio e encorajamento ao longo da minha carreira académica: Dra. Diane Rickerl, Dr. Kent Jensen, Dr. Timothy Nichols e Dra. Trudy Ecoffey. Foram professores inspiradores como vós que me levaram a acreditar que poderia alcançar grandes feitos se tentasse. Foi realmente uma bênção ter trabalhado com cada um de vós.

Um grande obrigado à minha *tiospaye* (família alargada). Sem o vosso apoio e encorajamento, não estaria onde estou hoje: Shana Thompson-Pourier e January Rose Mathis. À minha irmã Valerie Janis, por me ouvir falar de búfalos sem saber muito bem do que estava a falar e por tomar conta dos meus filhos quando precisei. Ao meu cunhado Gerard Janis, por ter tomado conta das coisas que eu não podia fazer. Ao meu irmão Robert Hatfield por estar presente quando eu precisava de falar. Ao meu marido e melhor amigo Gabriel Montoya, Sr., pelo vosso encorajamento e contributo profissional sempre que necessário.

E, em especial, um grande obrigado aos meus filhos - Brandon Lance, Andru Shea, Arissa Jean, Arianna Flora-Marie e Christian Heath. Vocês são verdadeiramente o meu sol, a minha lua e as minhas estrelas e o meu mundo sempre girou à vossa volta. Continuarão a ser a minha inspiração para fazer melhor na minha vida, para que eu possa fazer melhor por vós.

Gostaria também de agradecer à Bay Mills Indian Community e ao Bay Mills Community College, que me apoiaram enquanto membro de uma tribo para obter formação académica. Apreciei verdadeiramente a assistência e o apoio que recebi!

Resumo

A sustentabilidade das manadas tribais de búfalos na região das Grandes Planícies

Heather Hatfield

2012

Recentemente, alguns programas tribais de búfalos venderam búfalos e interromperam os seus programas de búfalos. A investigação explora as questões de sustentabilidade dos programas tribais de búfalos. Foi utilizada uma abordagem de estudo de caso para comparar dezoito programas tribais diferentes de gestão de bisontes em reservas nas Grandes Planícies do Norte (NGP), que incluíam os estados do Dakota do Sul, Dakota do Norte e Montana. Cada gestor geria um programa de búfalos para uma das tribos da NGP. Os gestores foram entrevistados para determinar os estilos de gestão, a história do rebanho, a genética e a importância económica. Os objectivos deste estudo foram comparar os estilos de gestão dos programas tribais de búfalos em toda a região NGP; determinar como a cultura, a população de búfalos, a genética dos búfalos e a economia desempenham um papel na gestão dos búfalos tribais; e determinar como um programa tribal de búfalos pode alcançar a sustentabilidade. Este projeto utilizou uma abordagem holística e descritiva que incluiu entrevistas e análise de dados para construir temas entre os dezoito estudos de caso. Cada uma das entrevistas centrou-se em questões de gestão abrangentes, incluindo práticas gerais, questões de recursos naturais, preocupações económicas e questões culturais relacionadas com os programas tribais de búfalos. Foram enviados inquéritos ao conselho tribal de cada tribo para determinar se os objectivos da tribo eram os mesmos que os do programa do búfalo. Isto determinou então a ordem de importância das questões de sustentabilidade (genética, cultura ou economia). Os planos de gestão dos búfalos no gabinete do InterTribal Buffalo Council (ITBC) foram utilizados como fontes de dados suplementares. Os resultados deste estudo oferecerão uma visão valiosa sobre os desafios e sucessos de um grupo diversificado de programas tribais de búfalos e a sustentabilidade desses programas.

Palavras-chave:

Búfalo, sustentabilidade, tribal

Capítulo 1

Introdução e antecedentes

Introdução

Muitas tribos nativas americanas têm estado a trabalhar para reintroduzir a espécie *Bison bison,* mais conhecida por búfalo, nas reservas dos Estados Unidos. No entanto, várias tribos venderam recentemente os seus búfalos e deixaram de ter programas de búfalos. Este estudo apresenta análises de estudos de caso de dezoito abordagens tribais diferentes para a reintrodução de búfalos, examinando a importância do búfalo entre as tribos e a sustentabilidade desses programas. O estudo envolve programas de búfalos em reservas no Dakota do Sul, Dakota do Norte e Montana e inclui manadas que são propriedade e geridas especificamente pelas tribos. Entrevistas, inquéritos e planos de gestão de búfalos foram analisados para tirar conclusões sobre a sustentabilidade dos programas tribais de búfalos. É importante notar que a maioria dos povos nativos americanos se refere ao bisonte como búfalo. Ao longo deste documento, o termo búfalo será utilizado, exceto em citações diretas.

Antecedentes

1. **<u>História e cultura de Buffalo</u>**

   A. <u>O búfalo no seu ecossistema</u>

Os cientistas provaram que os búfalos existem há muitos séculos. Foram encontrados "sítios de matança de bisontes" no Novo México e tão a norte como no Illinois, desde 9000 - 8500 AC. De acordo com Nies, "os ossos encontrados em locais de abate de bisontes sugerem .... uma rota de migração" (Nies, 1996, p. 11) que era seguida tanto pelos búfalos como pelas pessoas que os caçavam.

Alguns dos primeiros relatos primários sobre búfalos foram registados no início de 1500. Dary relatou que "o explorador espanhol Hernando Cortez foi o primeiro homem branco de que se tem conhecimento a ter visto o animal. Cortez viu o búfalo em 1521" (Dary, 1974, p. 7). Outros espanhóis também viram búfalos ao longo da década seguinte, mas poucos registos foram feitos. Alvar Munez Cabeza de Vaca escreveu sobre ter visto um búfalo em 1530, e depois por volta de 1540. Dary afirma ainda que uma expedição de espanhóis viu "búfalos pela primeira vez algures nas planícies do sul, talvez na área do Texas panhandle" e descreveu os búfalos como "animais horríveis de se ver" (Dary, 1974, p. 8). O termo búfalo surgiu por acaso. Muitos nomes foram dados a estes animais antes de o búfalo se tornar o nome comum.

> "Para os exploradores espanhóis, o animal era frequentemente chamado de *cibola.* Alguns escritores espanhóis referiam-se a ele como *bisonte.* Outros chamavam-lhe *armenta.* Os primeiros colonos franceses chamavam geralmente ao búfalo *Bison d'Amérique.* Os viajantes canadianos utilizavam o termo *boeuf-'boi'* ou 'novilho'. Mais tarde, os exploradores franceses chamaram-lhe *bufflo* e, posteriormente, *buffelo.* É possível que tenha sido a partir destes termos, adoptados pelos colonos ingleses, que a palavra búfalo originado" (Dary, 1974, pp. 10 -11).

Há muitos relatos dos primeiros exploradores que estimam a população de búfalos em 30 milhões (Dary, 1974, p. 29), 50 milhões *(Reader's Digest,* 1995, p. 317) e 60 milhões (Callenbach, 1996, p. 1). Em todo o caso, a população de búfalos na América do Norte foi imensa numa determinada altura.

Também é evidente, a partir de relatos históricos, que os búfalos estiveram na América do Norte durante muitos séculos e não se localizavam apenas numa região. Callenbach afirma que "o bisonte já percorreu um território muito maior do que as Grandes Planícies, que muitos ainda consideram como o único lar ancestral do bisonte... Mas os bisontes também habitavam áreas onde as florestas eram dominantes... até ao leste dos Apalaches..." (Callenback, 1996, p. 17), e Warren acrescenta que, tão a norte como os Grandes Lagos, "diz-se que os búfalos andavam, nessa altura, a meio dia de marcha da margem do lago" (Warren, 1984, p. 97).

Embora houvesse milhões de búfalos nos Estados Unidos, eles geralmente faziam parte de manadas menores. Haines indica que "os animais de pasto, como os búfalos, não podem permanecer em manadas grandes e compactas por muito tempo, ou logo morrerão de fome. Por isso, as pequenas manadas encontravam-se normalmente espalhadas por uma vasta extensão, com várias centenas de metros de espaço aberto à volta de cada grupo" (Haines, 1970, p. 34).

Miller observa que,

> "As pastagens nas Grandes Planícies desenvolveram-se sob pressão de pastoreio, principalmente por bisontes. As gramíneas e os juncos eram as espécies dominantes, representando cerca de 90 a 98 por cento da forragem disponível. Os bisontes eram migratórios e procuravam áreas de pastagem

desejável ... Embora a utilização de forragens e de forragem seja limitada, os bisontes consomem certas forragens em determinadas alturas e os touros tendem a utilizar mais a forragem do que as vacas. Os bisontes tendem a equilibrar a procura de nutrientes consumindo uma dieta dominante de gramíneas" (Miller, 2002, p. 2).

De acordo com muitos relatos, a terra não parecia estar a ser sobrepastoreada devido à grande quantidade destes animais que percorriam as Grandes Planícies. Com muitas manadas mais pequenas ou unidades familiares, a terra não parecia estar a sofrer. Os búfalos estão adaptados a muitos ambientes diferentes, mas precisam de erva para se alimentarem. "Preferiam as Grandes Planícies, onde podiam encontrar erva excelente durante todo o ano, com abrigo das tempestades de inverno nos vales e nas estreitas faixas de madeira ao longo dos cursos de água"

(Haines, 1970, p. 31).

B. Diminuição da população

Os búfalos, que eram muito numerosos em tempos, foram caçados até ao extremo. "Os búfalos, que eram em número de milhões em 1870, estavam quase extintos em 1890. Durante a década de 1870, eram abatidos dois a quatro milhões por ano; 200.000 peles eram vendidas em St. Louis num só dia" (Chase, 1987, p. 16).

Muitos relatos históricos referem que o declínio da população de búfalos se deveu ao governo. Foi documentado que entre os anos de 1872 e 1874,

"as planícies do sul encheram-se de caçadores de búfalos equipados com novas armas de alta potência que matavam búfalos às centenas de milhares. Enviaram as peles para leste e deixaram as carcaças inutilizadas a apodrecer no chão. Ao destruírem os búfalos, os caçadores acabaram com o abastecimento alimentar dos índios das planícies... o Governo apercebeu-se de que, sem os búfalos, as tribos das planícies não teriam outra alternativa senão ir para as reservas e aceitar as rações do Governo. O General Sherman tornou política do exército encorajar os caçadores de búfalos. Em dois anos, foram abatidos mais de quatro milhões de búfalos. Em 12 anos, mais de 20 milhões de búfalos tinham sido abatidos" (Nies, 1996, pp. 279-280).

Pensava-se que, ao exterminar os búfalos, seria mais fácil obter controlo sobre as tribos. Marshall observou que esse plano parecia funcionar, pois "os búfalos estavam se tornando cada vez mais escassos, assim como os Lakota 'selvagens'" (Marshall, 2004, p. 174). No entanto, esse plano quase levou à extinção da espécie *Bison bison*.

C. Gargalo genético

Com tão poucos búfalos em estado selvagem e os que restam na posse de alguns criadores privados e jardins zoológicos, a falta de diversidade genética dos búfalos tornou-se problemática. Com pequenas populações de búfalos sobrevivendo à extinção, o risco de mutações genéticas aumentou. Esta situação foi agravada pelos criadores de gado que experimentaram produzir híbridos de búfalos e gado bovino.

Como resultado, surgiu um gargalo genético, que Bolen define como "uma situação em que apenas alguns indivíduos fornecem o conjunto total de genes para uma população. Mesmo quando uma população se expande mais tarde ... a estrutura genética da população reflecte os genes presentes no número limitado de indivíduos originais" (Bolen, 1999, p. 453).

Freese et al. afirmam que

"Embora o bisonte tenha passado por um grave estrangulamento populacional, este foi de curta duração, uma vez que as manadas cresceram rapidamente no início do século XX. A brevidade do estrangulamento pode ter servido para evitar uma erosão genética significativa, uma vez que a variação genética nuclear do bisonte é atualmente muito maior do que a de outras espécies de mamíferos que passaram por estrangulamentos populacionais e é semelhante à de outros ungulados selvagens" (Freese et al., 2006, p. 179).

D. Importância cultural

Muitas tribos desenvolveram uma ligação com os búfalos devido à dependência deles para alimentação, vestuário, abrigo e para muitos outros fins, incluindo a espiritualidade. "O búfalo dominava todas as fases da vida dos índios das planícies: o seu pensamento, a sua filosofia, a sua religião" (Dary, 1974, p. 54).

Os búfalos não eram apenas uma fonte de alimento. Muitas tribos estavam também espiritualmente ligadas ao animal. Uma história histórica do búfalo é a da Mulher Bezerro do Búfalo Branco. Na cultura Lakota, a história é muitas vezes contada às crianças para sublinhar a importância de como o cachimbo e o búfalo são sagrados para o povo.

A versão seguinte da história foi retirada de Walker (1980).

Há muito tempo, um povo estava a acampar e dois jovens do acampamento iam à frente. Iam ao longo de um cume. De repente, apareceu uma mulher muito bonita a subir a colina. Ela vinha a caminho, carregando algo. Então eles ficaram a observá-la. Então, um dos jovens disse: "Bem, meu amigo, eu faço-o com ela".

Olha, meu amigo, vê bem! Ela não é uma mulher, deve ser algo *wakan* (sagrado)/ disse o outro. Mas o jovem não teve medo. Então a mulher ouviu-o. Disse: 'Vem cá! Vamos deitar-nos. Então ele foi até lá, mas não foi mais longe, porque do céu caiu uma nuvem muito grande sobre eles. E quando a nuvem se dissipou, o jovem não era mais do que ossos que estavam ali deitados.

A mulher que não era uma mulher estava a vir de uma forma *wakan*. Mas o pobre jovem não o sabia. Assim, foi totalmente devorado pelas serpentes.

Então o outro jovem ficou ali a tremer. Então a mulher disse isto: Jovem, não tenhas medo de mim! Porque aquele era parvo, eu fiz isto', disse ela. Ouve, rapaz, estou a trazer notícias para casa. Estou a trazer uma coisa para que as pessoas vivam; é o Cachimbo do Bezerro de Búfalo. Viverão de uma forma *wakan*. Eu vou ajudar todas as pessoas, mostrando-lhes bons caminhos. Irei para lá". Partiu dizendo: 'Agora, durante algum tempo, vou chegar
trazendo boas notícias".

Assim, o jovem correu para casa com a notícia. Depois, o pregoeiro levou-a e, como o círculo do acampamento era grande, andou por todo o lado a proclamar a notícia.

Algo está a chegar, mas está a chegar de uma forma *wakan* para que ninguém pense em algo mau. Sigam

os bons caminhos. Vem de uma forma muito wakan/ proclamou o pregoeiro. E assim todo o povo se preparou.
Agora a mulher chegou entre os tipis. E disse-lhes que tinha uma coisa. O Cachimbo do Bezerro de Búfalo chega aqui. Quem fizer más acções e usar este cachimbo será expulso/ disse ela. A mulher era muito bonita. O seu cabelo era muito comprido.
Assim, o cachimbo é muito *wakan.* Se as pessoas discutem, então fazem as pazes usando o cachimbo. E o homem que era o líder tinha sempre o cachimbo. O cachimbo é o seu coração; todos se agarram firmemente a ele. Por isso, acredita-se que é *wakan.* Os índios em tudo o que fazem, fazem-no com o cachimbo. (pp. 148 -150).

Diz-se também que, depois de a mulher ter instruído as pessoas sobre as formas do cachimbo, se foi embora. Quando estava a sair, primeiro transformou-se numa cria de búfalo branca e depois desapareceu completamente. Também é importante mencionar que todas as partes do búfalo eram utilizadas para a vida entre as tribos das planícies.

"É muito duvidoso que qualquer outro animal no mundo tenha alguma vez igualado o búfalo no fornecimento de tantos bens de primeira importância para qualquer povo. O número de utilizações não alimentares do búfalo foi estimado em oitenta e sete. No entanto, Nuvem Vermelha, um antigo chefe Sioux, disse uma vez a um homem branco que conhecia apenas vinte e duas utilizações do animal pela sua tribo: A sua carne sustentava a vida (...) o sebo e a gordura eram preservados (...) os seus ossos forneciam material para utensílios e armas; o seu crânio era preservado como um excelente medicamento; a sua pele fornecia cobertores, vestuário, barcos, cordas e uma casa quente e portátil; os seus cascos produziam cola; os seus tendões eram usados para cordas de arco e um excelente substituto para o cordel". Nas planícies sem madeira, até os excrementos dos búfalos eram valiosos para os índios e, mais tarde, para os colonos. As aparas de búfalo eram muitas vezes o único combustível disponível" (Dary, 1974, p. 55).

Quando as populações de búfalos diminuíram, isso teve um efeito grave nas pessoas cujas vidas dependiam deles.

2. Reintrodução do Búfalo

Um dos primeiros conservacionistas de búfalos conhecidos foi um membro de uma tribo do oeste de Montana. "No outono de 1872, muito antes de haver qualquer preocupação séria com a sobrevivência dos búfalos, um jovem índio de Pend d'Oreille, Walking Coyote, saiu da reserva de Flathead para caçar búfalos na região de Blackfoot, a cerca de 300 milhas para leste" (Haines, 1970, p. 220). Foi nesse grupo de caça que ele encontrou um grupo de bezerros búfalos vagueando. As crias juntaram-se à manada de cavalos e o Coiote Ambulante decidiu levá-las de volta para a reserva de Flathead e começar a sua própria manada de búfalos. Seis das crias (dois machos e quatro fêmeas) sobreviveram à viagem em boas condições.

Charles Goodnight criou uma manada no final da década de 1860, no Texas. Os trabalhadores do seu rancho trouxeram um vitelo de búfalo e foi-lhe reservado um pequeno pasto. Nos anos seguintes, mais bezerros foram comprados e colocados no pasto. "Goodnight conseguiu outros bezerros capturados por amigos e vizinhos e, em 1887, tinha uma manada de treze búfalos. Em 1910, o número tinha aumentado para 125 búfalos. Ao longo dos anos, ele vendeu vários para zoológicos e parques, incluindo Yellowstone (Tabela 1), e usou outros para fins de reprodução" (Dary, 1974, p. 230).

O Parque Nacional de Yellowstone foi criado num esforço para conservar os recursos naturais e a vida selvagem (Quadro 1). "Quando, em 1872, Yellowstone se tornou o primeiro parque nacional, pequenos bandos de búfalos de montanha percorriam os seus mais de 3.000 quilómetros quadrados, tal como tinham feito durante séculos" (Dary, 1974, p. 129).

No entanto, nessa altura não existiam leis para proteger os búfalos ou outros animais selvagens e, em 1894, "estimava-se que a caça furtiva tinha reduzido os búfalos de Yellowstone de 500 para menos de 200" (Dary, 1974, p. 133).

Em 1881, Pete Dupree, do Dakota do Sul, também se interessou pela conservação do búfalo. Inicialmente, ele tinha cinco bezerros, mas dois morreram mais tarde. "Em 1888, Pete Dupree tinha nove búfalos de sangue puro, quatro dos quais eram touros, e sete animais de sangue misto. Durante dez anos, a manada cresceu. Então, em 1898, Peter
Dupree morreu" (Dary, 1974, p. 231). Os búfalos foram posteriormente vendidos pelos seus herdeiros.

A Lei de Atribuição de Terras de Dawes entrou em vigor no ano de 1887. Esta lei ordenou a divisão das terras tribais e a sua atribuição a membros individuais da tribo.

"A Lei de Loteamento autorizava o Presidente a atribuir porções de terra da reserva a índios individuais. Foram atribuídos 160 acres a cada chefe de família e 80 acres aos outros, com o dobro dessas quantidades a serem atribuídas se a terra fosse adequada para pastagem ... Finalmente, e talvez o mais notável, a lei autorizou o Secretário do Interior a negociar com as tribos a disposição de todas as terras "excedentes" remanescentes após os lotes, para fins de assentamento de não índios" (Canby, 1981, p. 20).

Mais tarde, a Lei Dawes teve um impacto sobre os rebanhos que foram iniciados dentro dos limites da reserva. Charles "Buffalo" Jones comprou um rebanho reprodutor de 58 animais em 1888 de Samual Bedson. Acrescentou então "mais sete bezerros em 1887" (Haines, 1970, p. 221) e depois, em 1888, acabou por ter mais trinta e dois bezerros para acrescentar à sua manada. "No final do verão de 1889, Jones tinha cinquenta e seis búfalos que tinha capturado, mais algumas crias nascidas nesse ano da sua primeira captura. Para além disso, tinha os cinquenta e oito comprados a Sam Bedson e vários híbridos a que chamava cattalo" (Haines, 1970, p. 222). Para manter a sua manada, Buffalo Jones vendeu alguns búfalos a parques, jardins zoológicos e outros criadores privados.

No entanto, "em 1895, Jones estava em sérios problemas financeiros. Foi obrigado a vender os seus búfalos" (Dary,

Walking Coyote acabou por vender a sua manada, que agora totalizava 13, a Michel Pablo e ao seu sócio Charles Allard em 1889. Acabaram também por comprar vinte e seis cabeças de búfalo a Buffalo Jones em 1893. Essa manada chegou a ter cerca de 300 cabeças, mas foi posteriormente dividida. "Quando Charles Allard morreu em 1896, a manada foi dividida, metade, 150 cabeças, foi para Pablo, as outras 150 foram divididas entre a Sra. Allard e os seus quatro filhos" (Haines, 1970, p. 222). Foi desta manada que veio o gado para a National Bison Range (Tabela 1), bem como o gado para a manada do Parque Nacional de Yellowstone.

James "Scotty" Philip comprou a manada de Dupree em 1901 e transferiu-a para Fort Pierre, no Dakota do Sul. "Nessa altura, havia quase cinquenta búfalos na manada, que continuou a aumentar naturalmente e de outra forma: de tempos a tempos, os rancheiros da zona encontravam alguns búfalos selvagens dispersos nos seus rebanhos de gado, na altura do cerco, e davam-nos a Philip. Em 1904, a manada de Scotty Philip contava com mais de oitenta búfalos" (Dary, 1974, p. 232). Philip, no entanto, não gostava de búfalos de sangue misto e eliminou ou vendeu todos os que estavam na sua manada até ficar apenas com búfalos puros. Scotty Philip morreu em 1911. Na altura, a sua manada tinha cerca de 400 animais. Trinta e seis desses animais foram vendidos ao estado do Dakota do Sul, que os destinou a uma reserva de caça atualmente conhecida como Parque Estatal de Custer.

Michel Pablo acabou por aumentar as suas 150 cabeças de búfalo para mais de 600 cabeças em 1906. Foi por esta altura que a reserva de Flathead foi aberta a colonos devido à Lei Dawes. Pablo ficou a saber que não teria as terras de pastagem de que necessitava para manter a sua manada. "Como os seus búfalos pastavam naquela terra, Pablo pediu ao governo federal outras terras. Não recebeu nenhuma resposta de Washington. Depois de muito esperar, Pablo ofereceu-se para vender os seus búfalos ao governo... O Congresso recusou ... Pablo contactou o governo canadiano para obter terras de pastagem. Em vez de lhe oferecerem terras, ofereceram-se para comprar toda a sua manada. Ele aceitou[7] ' (Dary, 1974, p. 225).

Em breve, o governo dos Estados Unidos também se juntou ao esforço de salvar o búfalo, com a ajuda do Parque Nacional de Yellowstone. "Quando, em 1901, apenas se conseguiram encontrar vinte e cinco animais, salvar o bisonte de Yellowstone tornou-se uma cruzada nacional... Trouxe touros de bisontes das planícies do Texas num vagão de gado e cruzou-os com outros bisontes das planícies comprados localmente... Em quinze anos, os bisontes, salvos da extinção, estavam aparentemente a crescer sem limites" (Chase, 1987, p. 18).

Buffalo Jones tornou-se o diretor de caça do Parque Nacional de Yellowstone em 1902. Começou a estabelecer uma manada cativa no parque com a compra de búfalos puros de manadas privadas, incluindo a manada Allard em Montana e a manada Goodnight no Texas (Quadro 1).

Outra figura importante na preservação dos búfalos foi William T. Hornaday. Era um caçador que se interessou pelos búfalos e se preocupou com a destruição das manadas. "Começou a trabalhar para a preservação da espécie ... Em 1905, conseguiu organizar a American Bison Society, tendo como presidente honorário o Presidente Theodore Roosevelt. Esta sociedade, com o apoio de muitos outros grupos, acabou por persuadir o Congresso a criar a Reserva Nacional de Bisontes no oeste do país.

Montana e para fornecer reprodutores aos parques nacionais" (Haines, 1970, p. 207).

A Reserva Nacional de Bisontes foi criada em 1908 (Quadro 1) como um dos primeiros Refúgios Nacionais de Vida Selvagem, mas foi criada especificamente para os búfalos. Em 1909, havia trinta e sete cabeças de búfalo na Reserva Nacional de Bisontes, sendo trinta e seis provenientes da manada originária da manada de Allard-Pablo. Segundo Dary, "a trigésima sétima foi um presente do rancheiro Charles Goodnight, no Texas" (Dary, 1974, p. 238).

O Refúgio Nacional de Vida Selvagem de Fort Niobrara foi criado em 1912 (Quadro 1). Dary afirma que "a American Bison Society contribuiu para o estabelecimento de uma manada de búfalos em Fort Niobrara ..... Seis búfalos foram doados pela sociedade para iniciar a manada de Niobrara em 1913. Poucos meses depois, a sociedade forneceu catorze búfalos para iniciar a manada de búfalos da Wind Cave National Game Preserve, nas Black Hills do Dakota do Sul" (Dary, 1974, p. 239).

Em 1946, foi criado o Refúgio de Vida Selvagem Theodore Roosevelt (Quadro 1), que mais tarde foi alterado para Parque Nacional Theodore Roosevelt (TRNP) em 1947. O TRNP recebeu o seu primeiro búfalo em 1956, com 29 cabeças provenientes do Refúgio Nacional de Vida Selvagem de Fort Niobrara.

O quadro seguinte foi retirado de Halbert, intitulado "History of establishment for 11 US federal bison populations" (Halbert, p. 2, 2007).

Quadro 1: História do estabelecimento de 11 populações federais de bisontes nos EUA

Rebanho	Localização	Ano	Acções fundadoras (número, fonte)
Badlands Parque Nacional	Sul Dakota	1963	3, Reserva Nacional de Vida Selvagem de Ft. Niobrara; 50, Reserva Nacional de Vida Selvagem de Theodore Roosevelt Parque
		1983	20, Monumento Nacional do Colorado
Ft. Niobrara	Nebraska	1913	6, rancho privado, Nebraska; 2, Parque Nacional de Yellowstone
Nacional		1935	4, Parque Estatal de Custer, Dakota do Sul
Vida selvagem		1937	4, Parque Estatal de Custer, Dakota do Sul
Reserva		1952	5, Reserva Nacional de Bisontes
Grand Teton	Wyoming	1948	20, Parque Nacional de Yellowstone
Parque Nacional		1964	12, Parque Nacional Theodore Roosevelt
Nacional	Montana	1908	1, rebanho Goodnight; 3, Corbin (McKay-Alloway); 34, Conrad (Pablo-Allard)
Gama Bison		1939	2, 7-Up Ranch
		1952	4, Reserva Nacional de Vida Selvagem de Ft. Niobrara

		1953	2, Parque Nacional de Yellowstone
		1984	4, Maxwell State Game Refuge, Kansas (Jones)
Neal Smith Nacional	Iowa	1996	8, Reserva Nacional de Vida Selvagem de Ft. Niobrara; 8, Reserva Nacional das Montanhas de Wichita Reserva de Vida Selvagem
Vida selvagem		1997	6, Reserva Nacional de Vida Selvagem de Ft. Niobrara; 8, Reserva Nacional de Bisontes
Reserva		1998	3, Reserva Nacional de Vida Selvagem de Ft. Niobrara
Colina da Sally	Norte	1919	6, Portland City Park, Oregon
Nacional	Dakota	1932	1, Parque Nacional da Gruta do Vento
Jogo Reserva		1941-1979	7, Reserva Nacional de Vida Selvagem de Ft. Niobrara
		1987	3, Reserva Nacional de Bisontes
		1994-1997	2, Parque Nacional Theodore Roosevelt
Teodoro Roosevelt Parque Nacional	Norte Dakota	1956 (1962)	29, Reserva Nacional de Vida Selvagem de Ft. Niobrara

Wichita	Oklahoma	1907	15, Parque Zoológico de Nova Iorque
Montanhas Nacional Vida selvagem Reserva		1940	2, Reserva Nacional de Vida Selvagem de Ft. Niobrara
Caverna do vento	Sul	1913	14, Parque Zoológico de Nova Iorque
Parque Nacional	Dakota	1916	6, Parque Nacional de Yellowstone
Yellowstone Parque Nacional	Wyoming, Idaho, Montana	1902	Cerca de 30 indígenas; 18, efetivo Pablo-Allard; 3, efetivo Goodnight

Rebanho tribal

Lulka escreve que "os rebanhos tribais desenvolveram-se ao longo de uma linha temporal diferente. O primeiro rebanho tribal foi estabelecido na Reserva Indígena Crow em 1935. Oitenta e três bisontes foram doados à tribo pelo Parque Nacional de Yellowstone. No mesmo ano, a Reserva de Pine Ridge recebeu nove bisontes da mesma fonte" (Lulka, 2006, p. 75). No entanto, as práticas de gestão foram alteradas e

As manadas públicas só voltaram a ser vendidas ou doadas na década de 1970. Lulka acrescenta ainda que "a esmagadora maioria dos bisontes doados pelo Parque Nacional de Badlands foi para os Oglala Sioux e os Cheyenne River Sioux. Muitos dos bisontes doados pelo National Bison Range foram entregues aos Confederados Salish e Kootenai, em Montana. No final da década de 1980, o Parque Nacional Wind Cave doou bisontes aos Sioux de Lower Brule e aos Sioux de Oglala, no Dakota do Sul. O Parque Nacional Theodore Roosevelt tinha inicialmente um âmbito de dispersão mais alargado, doando a tribos como os Sisseton-Wahpeton (SD), Round Valley (CA), Blackfeet (MT), Fort Berthold (ND) e Jicarilla (AZ). No entanto, antes da formação da ITBC (Intertribal Bison Cooperative) em 1991, existiam apenas cerca de 16 manadas tribais com 2.800 animais" (Lulka, 2006, p. 75).

No final, Canby argumenta que,

> "O principal efeito da Lei de Atribuição de Terras foi um declínio vertiginoso na quantidade total de terras detidas pelos índios, de 138 milhões de acres em 1887 para 48 milhões em 1934. Dos 48 milhões de acres que restaram, cerca de 20 milhões eram desertos ou semi-desertos. Grande parte da terra foi perdida por venda como excedente tribal; o restante saiu das mãos dos loteadores. Os alóctones que receberam patentes após 25 anos ficaram sujeitos ao imposto estatal sobre a propriedade, e muitas vendas forçadas resultaram da falta de pagamento... A transferência de muitos dos loteamentos pagos para fora das mãos dos índios deixou grandes áreas "quadriculadas" de propriedade alternada de brancos e índios, tornando impraticáveis projectos agrícolas ou de pastoreio de grandes dimensões" (Canby, 1981, p. 21-22).

Chapter 1: **Revisão da literatura**

1. Definição de sustentabilidade

Este estudo explora a sustentabilidade das empresas tribais de búfalos. Existem muitas definições de sustentabilidade. Aqui estão dez definições da literatura sobre sustentabilidade no que diz respeito à vida selvagem:

1. Rendimento sustentável é um termo utilizado na gestão da vida selvagem. Este termo "engloba conceitos de potencial biótico, rotação da população, mortalidade e natalidade dependentes da densidade e compensatórias, e densidade ecológica. O princípio diz que todas as populações de fauna bravia podem ser colhidas periodicamente sem redução do seu efetivo reprodutor, o que produzirá novos excedentes colhíveis" (Bailey, 1984, p. 6).
2. O desenvolvimento sustentável é definido como "o desenvolvimento que satisfaz as necessidades e aspirações do presente sem entrar em conflito com a conservação dos recursos naturais, a proteção do ambiente e os ecossistemas sustentáveis" (Anderson, Beiswenger, & Purdom, 1993, p. 6).
3. "A sustentabilidade dos recursos naturais envolve geralmente a interação de recursos renováveis e não renováveis. Geralmente significa a reprodução de espécies, a passagem de material genético de uma geração para a seguinte" (Anderson, Beiswenger, & Purdom, 1993, p. 13).
4. "No sentido ecológico, a sustentabilidade implica uma relação estável entre a população humana e a capacidade da biosfera para fornecer recursos e tratar os resíduos.

O desenvolvimento sustentável é o processo que conduz à sustentabilidade, no qual o desenvolvimento económico não reduz a capacidade da biosfera para sustentar a humanidade" *(Cox, 1997,* p. 312).

5. A agricultura sustentável é definida como "uma agricultura que satisfaz as necessidades humanas em mutação, mantendo ou melhorando a qualidade do ambiente e a base de recursos naturais" (Brewer, 1994, p. 693).
6. De acordo com o glossário do livro de Ciências Ambientais, o desenvolvimento sustentável é "um aumento real do bem-estar e do nível de vida da pessoa média que pode ser mantido a longo prazo sem degradar o ambiente ou comprometer a capacidade das gerações futuras de satisfazerem as suas próprias necessidades" (Cunningham & Cunningham, 2008).
7. "Sustentável, um termo ecológico básico, é aplicado a um ecossistema que pode subsistir de forma estável durante um longo período de tempo" (Callenbach, 1996, p. 4).
8. De acordo com a EPA, "a definição tradicional de sustentabilidade apela a políticas e estratégias que satisfaçam as necessidades actuais da sociedade sem comprometer a capacidade de as gerações futuras satisfazerem as suas próprias necessidades" (U.S. Environmental Protection Agency, 2010).
9. "A sustentabilidade ambiental consiste em satisfazer as necessidades do presente sem comprometer a capacidade das gerações futuras de satisfazerem as suas necessidades. Ao tornarmo-nos sustentáveis, podemos reduzir a nossa pegada ambiental e ajudar a preservar os preciosos recursos naturais do mundo" (Environment and Resource Management, 2010).
10. "A sustentabilidade ambiental é o processo de garantir que os actuais processos de interação com o ambiente são prosseguidos com a ideia de manter o ambiente tão imaculado quanto naturalmente possível" (Desenvolvimento Sustentável, 2010).

Em resumo, a definição de sustentabilidade pode ser diferente. Para efeitos do presente estudo, a sustentabilidade é definida como a satisfação das necessidades da população atual sem ameaçar as necessidades futuras das pessoas, do ambiente ou das populações de animais selvagens.

2. Factores de sustentabilidade da reintrodução de búfalos em ecossistemas de pradaria

A. Economia

A importância económica da sustentabilidade no que diz respeito à população de búfalos significa garantir que as tribos são capazes de manter as suas populações humanas e de búfalos saudáveis e de manter as suas manadas. A maioria das tribos iniciou as suas manadas por razões culturais; outras porque viram uma oportunidade de negócio. A carne de búfalo alimentada com erva é um verdadeiro produto de consumo na América que tem proporcionado benefícios económicos.

A carne de búfalo é especialmente importante entre as tribos. Callenbach afirma que, "Embora os índios não estejam principalmente interessados no bisonte por razões económicas, a produção de alimentos de subsistência para a tribo seria certamente bem-vinda. Muitos índios não têm respeito pelo gado e acreditam que comê-lo enfraquece" (Callenbach, 1996, p. 74). Lulka acrescenta ainda que "a maior parte da carne de bisonte obtida de bisontes tribais é consumida pelas próprias tribos e, portanto, não está sujeita a essas forças de mercado" (Lulka, 2006, p. 75).

No entanto, para tornar as manadas de búfalos tribais sustentáveis, a venda de carne, subprodutos ou mesmo a venda de animais vivos pode ser vital para o programa. A caça guiada de búfalos também tem sido um bom investimento para alguns programas tribais de búfalos.

De um ponto de vista económico, o mercado do búfalo e/ou da carne de búfalo não tem sido consistente. Lulka relata que, "no início dos anos 90, a procura de bisontes vivos tinha instigado um mercado de criadores, que acabou por conduzir a um excesso de oferta do animal. Em 1999, o valor do bisão caiu drasticamente" (Lulka,

2006, p. 78). No entanto, o preço da carne de búfalo voltou a subir. Bone indica que "no final de 2007, a indústria esperava ter processado 50.500 bisontes inspeccionados pelo USDA, 20% mais do que em 2006, o que representou um aumento de 21% em relação a 2005" (Bone, 2008, p. 82).

O financiamento dos programas tribais de búfalos também pode ser um problema. A maioria dos programas tribais não está a ser financiada pela tribo ou está apenas parcialmente financiada. As despesas associadas a um programa de búfalos incluem o seguinte: manutenção de cercas, equipamentos, currais, calhas e currais; pagamento de taxas veterinárias, salário do gerente do bisão, etc. Estes custos devem ser tidos em conta ao considerar as finanças.

O custo da vedação inicial das pastagens de búfalos pode ser bastante elevado (Quadro 2). A informação seguinte foi retirada do website do Governo de Saskatchewan para o custo de uma vedação de uma milha composta de arame farpado.

Postes - Todos os postes têm seis pés e um espaçamento de 18 pés. Isto resulta em 293 postes por milha. Assumimos que este comprimento de vedação necessitará de 20 postes de suporte e nove postes de canto e de portão.

Arame - Um rolo de arame farpado tem um comprimento de 1,5 km. Uma vedação de três fios com uma milha de comprimento requer 12 rolos e uma vedação de quatro fios com uma milha de comprimento requer 16 rolos. Para as vedações de arame farpado, é utilizado arame farpado padrão de calibre 12,5 de dois fios.

Grampos - Um fio de arame farpado esticado por uma milha e preso a 293 postes requer aproximadamente 4,3 lbs. de grampos. Por conseguinte, uma vedação com três fios requer 13 libras de agrafos e uma vedação com quatro fios e todos os postes requer aproximadamente 18 libras por milha.

Mão de obra - A infração de montagem, incluindo postes de canto, contraventamento, martelar postes, esticar e agrafar arame, requer 70 horas por milha para uma vedação farpada de três arames e 80 horas por milha para uma vedação farpada de quatro arames.

Máquina de bater postes - Uma equipa deve ser capaz de erguer uma milha de postes em 10 horas.

Quadro 2: Custo da vedação com arame farpado

Materiais	Cerca de quatro postes com 2 fios de arame farpado padrão	Três arames farpados padrão de 2 fios em todos os postes da vedação
Alinhar os postes com 3-4 polegadas de topo, 6 pés tratados	$956.16	$956.16
Postes de suporte com 4-5 polegadas de topo, 8 pés tratados	$139.80	$139. 80
Postes de canto e de portão 5-6 polegadas, 8 pés tratados	$86.01	$86.01
Fio		
Calibre 12,5, padrão 2-fio farpado	$1,012.85	$759.64
Agrafos, 1,5 polegadas, Caixa de 50 libras	$24.83	$17.94

Trator, 50 cavalos de potência, custos totais	$284.76	$268.94
Custos totais do pós-bateria	$176.10	$176.10
Trabalho	$1,040.00	$910.00
Custos totais estimados	$3,720.51	$3,314.58

(Agricultura, 2009, p. 2)

Este custo inicial não inclui o custo de manutenção e é apenas um custo estimado por quilómetro de linha de vedação.

B. Populações e comunidades

Tornar a população de búfalos sustentável significa garantir que a espécie não se torna ameaçada ou extinta. O animal não é considerado uma espécie em perigo de extinção pelo governo, mas entre algumas tribos é-o. Embora as tribos já não dependam do búfalo para toda a sua dieta, o búfalo continua a ser uma parte importante da vida de alguns povos nativos americanos.

Em tempos, "cerca de 60 milhões de bisontes percorriam as planícies ocidentais" (Cunningham & Cunningham, 2008, p. 239); atualmente, esse número é significativamente menor, especialmente se a genética for considerada. A National Bison Association afirma que "o tamanho real do rebanho americano é agora estimado em cerca de 220.000 bisontes nos Estados Unidos" (National Bison Association). Embora esse número provavelmente nunca mais chegue a 60 milhões, muitas tribos ainda esperam que o búfalo possa um dia vaguear pelas Grandes Planícies como um animal selvagem. No entanto, muitas "manadas tribais são geralmente ainda relativamente pequenas e até agora existem em áreas limitadas e vedadas" (Callenbach, 1996, p. 60).

Os objectivos populacionais para os búfalos consistem em manter populações com boas taxas de povoamento, composições saudáveis por sexo e idade, bem como estrutura social. Nas manadas, pensa-se que os búfalos têm grupos familiares e são matrilineares (uma vaca dominante tende a liderar a manada). Isto é importante porque, se a remoção dos animais não for estruturada, pode afetar uma parte essencial da população.

As taxas de lotação são muito importantes na gestão de qualquer tipo de gado ou de vida selvagem. O sobrepovoamento das pastagens pode "conduzir tipicamente a uma redução das espécies forrageiras desejáveis e a uma invasão de ervas daninhas ... à medida que a incidência de espécies indesejáveis aumenta à custa das espécies forrageiras mais desejáveis, o desempenho animal diminui e a capacidade de carga da unidade de gestão do pastoreio é reduzida ... Os resultados são uma diminuição da rentabilidade, tanto do ponto de vista da produção animal como da eventual necessidade de aplicação de herbicidas dispendiosos" (Redfearn & Bidwell, p5).

O desenvolvimento de um plano de gestão do pastoreio também pode ser muito benéfico tanto para os búfalos como para a vida selvagem, uma vez que "a alternativa ao pastoreio contínuo é desenvolver estratégias de pastoreio que sejam adequadamente povoadas e geridas para fornecer blocos de cobertura não perturbada em alturas que permitam a reprodução das plantas e o armazenamento de energia e a reprodução e sobrevivência da vida selvagem" e que os gestores de búfalos devem "estabelecer sistemas de gestão do pastoreio que ajudem a alcançar objectivos de conservação do habitat nativo a longo prazo, utilizando simultaneamente tratamentos de pastoreio que forneçam cobertura básica e necessidades alimentares das espécies de vida selvagem" (Krausman, et al., 2009, pl8).

Knapp (1999) também afirma que outras considerações são:

> "À escala da bacia hidrográfica e da paisagem, as consequências a longo prazo das actividades dos bisontes incluem uma redução do coberto, da dominância e da produtividade das gramíneas; a libertação competitiva de muitas espécies subdominantes, resultando num aumento da riqueza e diversidade das espécies vegetais; e uma maior heterogeneidade espacial. Embora as alterações na composição da comunidade vegetal possam ser atribuídas, em grande parte, aos efeitos diretos do pastoreio por bisontes, é provável que o aumento da riqueza de espécies vegetais seja também um produto do aumento da diversidade de micrositios gerada por actividades não relacionadas com o pastoreio, como o estrume e a

urina
deposição, pisoteio e chafurdar. Estas e outras actividades dos bisontes contribuem significativamente para o aumento da heterogeneidade espacial que é caraterística da pradaria de erva alta pastoreada" (p. 44).

As actividades dos búfalos tiveram um impacto não só nas pastagens, mas também noutros animais selvagens. O chafurdar é um comportamento do búfalo que consiste em rebolar na terra para reduzir a quantidade de insectos no seu pelo. Knapp (1999) escreve que,

"devido à compactação do solo, os vales retêm frequentemente a água da chuva na primavera, criando habitats localizados que são adequados para espécies húmidas efémeras... no verão, no entanto, os mesmos vales suportam apenas plantas que podem tolerar secas severas...

Assim, os bisontes podem alterar fisicamente as pastagens de forma a aumentar a heterogeneidade ambiental e a aumentar a biodiversidade local e regional" (p. 45).

Outros animais selvagens afectados pelo comportamento do búfalo incluem o galo da pradaria, o antílope pronghorn, o veado-mula e os cães da pradaria (Truett, Phillips, Kunkel, & Miller, 2001). Truett explica,

"O pastoreio de bisontes afecta outros animais das planícies, alterando a estrutura, as espécies composição e qualidade nutricional da vegetação. O efeito primordial sobre a maioria das pequenas aves e mamíferos resulta de alterações nos atributos estruturais da vegetação, como a altura da erva, o coberto vegetal e a abundância de arbustos. Mamíferos herbívoros de grande porte tendem a responder principalmente a mudanças na qualidade da forragem" (Truett, 2001, p. 129).

As proporções de idade e sexo dos búfalos são importantes para a gestão da manada. Os búfalos são animais de manada e formam manadas de acordo com o sexo, a idade, a estação do ano e as condições de alimentação. Em condições naturais, os grandes grupos ou grupos de vacas são constituídos por fêmeas e touros até cerca de dois anos de idade. Os touros maiores não precisam da proteção do rebanho e as vacas não precisam que os touros compitam por comida, água e espaço. Lott salienta que "os bisontes-touro não são territoriais. São animais errantes, que se deslocam sozinhos ou em pequenos grupos temporários" e que o

"Os touros fazem a maior parte da sua comunicação durante a época de reprodução - a única altura do ano em que os touros adultos e as vacas estão juntos durante algum tempo ... juntam-se às vacas, que têm vivido em grupos maiores com os vitelos e os touros jovens. Os touros procuram as vacas prestes a procriar e ficam com elas ... mantendo os outros touros afastados através de ameaças e lutas" (Lott, 2002, p. 8).

A gestão dos touros dentro das manadas é particularmente importante. Demasiados touros podem levar a que os problemas com as vedações se tornem mais frequentes, uma vez que os touros tendem a empurrar-se e a empurrar-se uns aos outros, especialmente durante a época de reprodução. Lott acrescenta ainda: "mas as ameaças e as lutas também são comuns entre touros que não estão a defender vacas ... ele simplesmente tem um desejo poderoso de dominar outros touros ... o desejo de dominar é tão poderoso que ocasionalmente interfere com o seu verdadeiro negócio e a sua função final - os touros por vezes deixam uma vaca recetiva para ameaçar um touro distante" (Lott, 2002, pp. 8 - 9).

Finalmente, a estrutura social é outra dinâmica importante a considerar na gestão do rebanho de búfalos.

Os búfalos são uma sociedade matriarcal. Normalmente, há uma vaca dominante em cada rebanho que é a "chefe" e que faz muitas acções para manter a sua posição. As vacas têm uma hierarquia muito rígida que começa com a vaca dominante e vai descendo. Steelquist observa: "Ao contrário das espécies cuja ordem social é estabelecida pelo controlo do território, os bisontes estabelecem o estatuto nas suas manadas dominando-se uns aos outros. Isto pode ser visto nas ameaças violentas e nos conflitos entre machos, no controlo que as vacas exercem sobre as crias e na liderança das vacas mais velhas, que orientam os movimentos das manadas de vacas e crias" (Steelquist, 1998, p. 17).

Os animais dominantes serão os primeiros a comer e a beber. Quanto maior for o número de fontes de alimentação e de água, maior será a probabilidade de os animais mansos ou menos dominantes terem a sua vez. Os animais mansos que têm que esperar até que todos os outros acabem de comer ou beber podem ter que escolher entre as suas necessidades físicas e a sua necessidade de permanecer com a manada. Geralmente escolhem a segurança do rebanho e, como resultado, tornam-se 'maus cumpridores'.

A estrutura social dos búfalos foi cuidadosamente observada pelas tribos.

"Além disso, os bisontes tinham uma estrutura de manada, uma estrutura comunitária e até uma língua, que eram tomadas como modelos a seguir pelas pessoas. Havia as vacas jovens e as vacas mais velhas e os bezerros, os touros jovens e os touros mais velhos, e o sistema social tribal era construído sobre isso; os bisontes, como seus irmãos, mostravam-lhe como a vida devia correr e como devia comportar-se" (Callenbach, 1996, p65).

O aspeto mais importante das populações de búfalos nas reservas é o estabelecimento de programas de búfalos.

"O objetivo básico dos índios é restabelecer na reserva o equilíbrio ecológico natural ou a reciprocidade entre humanos, plantas e animais que existia antes da ocupação euro-americana. Nas planícies, uma população restaurada de bisontes seria um sinal de que as coisas tinham sido recompostas numa base sustentável" (Callenbach, 1996, p77).

C. Genética

A sustentabilidade no que respeita à genética dos búfalos significa a manutenção da espécie *Bison bison*. Em tempos, havia muitos búfalos nos Estados Unidos. "Em 1850, cerca de 60 milhões de bisontes percorriam as planícies ocidentais ... Em 1900, restavam apenas cerca de 150 bisontes selvagens e outros 250 em cativeiro" (Cunningham & Cunningham, 2008, p239). Com o declínio tão rápido da população, a perda genética era uma ameaça real. Hedrick afirma que, "além disso, a rápida redução do tamanho da população de muitos milhões para um número efetivo de fundadores inferior a 100 nos bisontes das planícies sugere que algumas destas variantes prejudiciais se fixaram ou aumentaram de frequência por acaso, resultando numa diminuição da aptidão da população (carga genética) e/ou num aumento da depressão endogâmica" (Hedrick, 2009, p. 415).

No final do século XIX, como restavam muito poucos búfalos em estado selvagem, os rancheiros tentaram cruzá-los com gado doméstico *(Bos taurus)* para produzir um animal de carne com mais carne. Haines explica: "Muitas das pessoas que tentaram domesticar o búfalo estavam interessadas em cruzá-lo com o gado doméstico, na esperança de obter um bom animal de carne mais dócil do que o búfalo e mais resistente do que o gado" (Haines, 1970, p. 214).

Atualmente, ainda se encontra genética bovina nos búfalos. Freese et al. (2006) explica que "o legado dos esforços extensivos para criar 'cattalo' através do cruzamento entre bisontes e gado doméstico durante o período em que o número de bisontes era muito baixo no final do século XIX e início do século XX é evidente hoje pela introgressão generalizada de genes de gado doméstico nos genomas mitocondriais e nucleares dos rebanhos de bisontes na América do Norte" (p. 178). Halbert (2007) afirma ainda que

> "Até à data, foram identificadas provas de introgressão mitocondrial ou nuclear de gado doméstico em todas as populações de 14 manadas públicas dos EUA e do Canadá, exceto 6, e em todas as populações de mais de 50 manadas privadas examinadas até à data, exceto 1. O aparente sucesso dos esforços de recuperação dos bisontes nos últimos 150 anos está ameaçado pela introgressão do gado doméstico. As espécies híbridas não têm estatuto taxonómico e não estão protegidas pela Lei das Espécies Ameaçadas de Extinção" (p. 1).

Alguns gestores de búfalos estão a testar os búfalos para detetar genes de bovinos e, se forem encontrados genes, esses animais são eliminados da manada.

Entre os búfalos, a perda de variação genética pode ser uma preocupação quando o número de animais reprodutores activos ou o tamanho da população é pequeno. Hedrick afirma que "os rebanhos ou grupos individuais devem ter um tamanho efetivo de população de 1000 (número de censo de 2000 - 3000) para evitar a depressão endogâmica e manter a variação genética" (Hedrick, 2009, p. 419). Esta pode ser uma grande preocupação entre as tribos, uma vez que os números variam entre 5 e 2.000 animais; quanto mais pequeno for o rebanho, menor será a diversidade genética. Isto pode levar à consanguinidade e os animais podem então ter mutações ou outros problemas (chifres tortos, tamanho mais pequeno, menos colheitas de vitelos). A importação de touros para uma manada pode ter um grande impacto, especialmente quando a manada é pequena. Hedrick confirma que "para minimizar a depressão por consanguinidade e manter a variação genética nas populações, recomenda-se o intercâmbio regular entre populações de bisontes" (Hedrick, 2009, p. 419).

Para manter o búfalo como uma espécie pura, muitos gestores acreditam que a genética do búfalo desempenha um papel na sustentabilidade da espécie. O objetivo geral para a genética do búfalo é alcançar e manter uma população com um nível saudável de variação genética. A preocupação com a pureza genética tem sido menor. Foi iniciada uma investigação no Texas para determinar a estrutura genética das manadas de búfalos dos Estados Unidos. Halbert escreve,

> "Por conseguinte, o principal ... ónus da preservação a longo prazo do bisonte como espécie distinta recai sobre os gestores dos efectivos de conservação. No entanto, antes de se poder ter uma ideia completa do germoplasma moderno de bisontes e de o conservar da forma mais eficaz, é necessária uma avaliação mais aprofundada ... para avaliar a arquitetura genética de várias manadas de conservação nos Estados Unidos e no Canadá, em relação às quais essa informação é pouco conhecida ou totalmente desconhecida" (Halbert, 2007, p. 4).

D. Cultura

A cultura é importante para os programas tribais de búfalos. Mesmo que algumas tribos não tenham búfalos, o valor da existência ainda é alto entre as pessoas. "Para muitas pessoas, o valor da vida selvagem vai para além da oportunidade de filmar ou fotografar, ou mesmo ver, uma determinada espécie. Defendem que o valor de existência, baseado no simples facto de saber que uma espécie existe, é razão suficiente para a proteger e preservar" (Cunningham & Cunningham, 2008, p. 235).

Para muitas tribos, o búfalo era mais do que um animal,

> "mas é uma presença espiritual ligada às realidades últimas do mundo. Trazer o bisonte para casa é, portanto, para os índios, acima de tudo, um objetivo cultural, e educar os jovens sobre o bisonte é uma forma de os educar sobre questões espirituais. Os bisontes eram, evidentemente, uma fonte de alimentos, vestes, coberturas de tipi e muitas outras necessidades dos índios" (Callenbach, 1996, p. 65).

Os programas para búfalos não foram iniciados apenas por razões económicas, mas devido à ligação cultural e espiritual da tribo ao animal.

> "O abate das manadas de búfalos deixou um vazio no complexo cultural dos índios das planícies muito maior do que a perda económica. O búfalo tinha sido a figura central em todo o padrão de existência dos índios, e seu desaparecimento deixou um povo espiritualmente perturbado, socialmente desorganizado e sem um padrão significativo para um novo modo de vida" (Haines, 1970, p. 208).

A cultura é, portanto, não só uma parte importante da sustentabilidade dos programas de búfalos, mas também uma parte importante da vida de muitos nativos americanos. Embora a vida tribal já não dependa dos búfalos, estes continuam a ser considerados não só uma fonte de alimento, mas também uma presença e uma ligação espiritual para muitos povos nativos.

Capítulo 2

Metodologia

Introdução

Este projeto de investigação combina métodos qualitativos e quantitativos para investigar a gestão dos programas tribais de búfalos. Foi utilizada a ideia de triangulação que, segundo Berg, "se restringe à utilização de várias técnicas de recolha de dados (normalmente três) para investigar o mesmo fenómeno" (Berg, 2009, p. 6). Os métodos incluíram entrevistas a gestores tribais de búfalos, inquéritos a membros de conselhos tribais e análise de planos tribais de gestão de búfalos.

Foram utilizadas medidas discretas através de uma análise de conteúdo dos registos documentais oficiais, que eram os planos de gestão dos búfalos. A análise de conteúdo também foi utilizada para rever os dados recuperados de entrevistas e inquéritos realizados. Foi utilizada uma abordagem de estudo de caso para ajudar a colmatar a lacuna entre a sustentabilidade e a gestão dos programas tribais de búfalos.

De acordo com Leedy,

> "Num estudo de caso, o investigador recolhe dados exaustivos sobre o(s) indivíduo(s), o programa (s), ou evento(s) em que a investigação se centra. Estes dados incluem frequentemente observações, entrevistas, documentos (por exemplo, artigos de jornal), registos anteriores (por exemplo, resultados de testes anteriores) e materiais audiovisuais (por exemplo, fotografias, cassetes de vídeo, audiotapes)" (Leedy, 2010, p. 137).

Foram utilizados métodos para extrair temas relativos a: o que é importante para a tribo no que diz respeito aos búfalos; quais são as suas ideias sobre sustentabilidade; e como se poderia conseguir um programa sustentável de búfalos. A fiabilidade dos dados foi assegurada pela coerência ao longo do processo de investigação. Utilizei os mesmos métodos para cada tribo. A validade do projeto também foi assegurada pela utilização das mesmas ferramentas para cada tribo. O mesmo inquérito foi entregue a cada membro do conselho tribal e a mesma entrevista foi realizada com cada gestor de búfalos. O guião de entrevista utilizado está incluído nas páginas 53 a 58.

Os objectivos deste estudo foram os seguintes

1. Comparar os estilos de gestão dos programas tribais de búfalos na região das Planícies do Norte,
2. Determinar como a cultura, a população e a comunidade de búfalos, a genética dos búfalos e a economia desempenham um papel na gestão sustentável dos búfalos tribais, e
3. Determinar como um programa tribal de búfalos pode alcançar a sustentabilidade.

O documento que se segue é a candidatura ao IRB que foi apresentada e aprovada pelo Dakota do Sul Universidade Estatal relativamente à investigação efectuada.

Comité dos Assuntos Humanos

Pedido de aprovação de assuntos humanos
Universidade Estadual de Dakota do Sul

Isento Exame acelerado Exame pelo Comité

1. Investigador principalHeather Hatfield Telefone: _605-786-7456_
   Endereço eletrónico do investigador principal heathermhatfield@hotmail.com
   __Docente xEstudante de pós-graduação __ Estudante de ________________licenciatura Não investigador da SDSU
   Se for estudante, conselheiro da faculdade Dra. Diane Rickerl __________
   Colégio/Escola Universidade Estadual de Dakota do Sul Departamento de Fitotecnia
   (Utilize uma folha adicional para indicar os nomes e os contactos de outras pessoas envolvidas no projeto).
2. Título do projeto "A sustentabilidade das manadas tribais de búfalos nas Grandes Planícies do Norte"
3. Agência patrocinadora. ____
4. Período do projeto (contacto com os participantes): *De10J* _________ 25/_2010_To1/_30/2012___
5. Localização do __ estudoDakota do Sul , Montana, Dakota do Norte
6. Número de participantes humanos a selecionar 18
7. Tipos de participantes a selecionar:
   ___ Adultos normais ____ Mulheres grávidas Mulheres reclusas
   ___Menores __Fetos __ Deficientes mentais ou com atraso mental
8. Isenção da análise do comité solicitada?_____ xSim Não
   Em caso afirmativo, indicar o fundamento da isenção:
   ___Ambiente educativo comum ____ Testes educativos ______Estudo dos dados existentes
   ___ Investigação por inquérito/entrevista Investigação observacional
   (Os pontos acima não tornam automaticamente um projeto isento; pode ser necessária uma análise acelerada ou completa por parte do comité).
9. Serão administrados quaisquer medicamentos, agentes químicos ou biológicos a seres humanos?
   ___SimxNão Em caso afirmativo, incluir no MÉTODO a documentação relativa à segurança proveniente de

outra fonte que não o fabricante.

10. Serão recolhidos espécimes ou amostras de tecidos, fluidos corporais ou outras substâncias dos participantes? ___SimxNão Se sim, incluir pormenores sobre a recolha, armazenagem, rotulagem, utilização e eliminação no MÉTODO.

11. Cada investigador envolvido no estudo concluiu a formação em linha CITI e apresentou uma cópia do certificado a Carolyn Curley no Gabinete de Investigação e Programas Patrocinados? xSimNão

12. Protocolo de investigação: Preencher uma descrição do estudo proposto de acordo com as instruções.

13. Consentimento informado: Anexar cópias de todos os formulários que serão utilizados para obter o consentimento informado legalmente efetivo dos sujeitos humanos ou dos seus representantes legais, ou a justificação do motivo pelo qual o consentimento informado deve ser alterado ou dispensado.

14. Materiais adicionais: Anexar uma cópia de todos os inquéritos, materiais de recrutamento e quaisquer outros documentos relevantes.

Assinaturas autorizadas:

Investigador principal Data

___ Idoxnão deseja comparecer perante a comissão

Orientador (se for um projeto de estudante) Data

Chefe de departamento ou reitorData

Protocolo de investigação

A. Objectivos:

Os objectivos do presente estudo são os seguintes

1. Comparar estilos de gestão de programas tribais de búfalos na região das Planícies do Norte.
2. Determinar de que forma a cultura, a população de búfalos, a genética dos búfalos e a economia desempenham um papel na gestão sustentável dos búfalos tribais.
3. Determinar como um programa tribal de búfalos pode alcançar a sustentabilidade.

B. Participantes:

Dezoito gestores de programas tribais de búfalos em toda a região das Planícies do Norte, bem como os conselhos tribais de cada tribo. As tribos participantes incluem: Tribo Cheyenne River Sioux, Tribo Crow Creek Sioux, Tribo Flandreau Santee Sioux, Tribo Lower Brule Sioux, Tribo Oglala Sioux, Tribo Rosebud Sioux, Sisseton-Wahpeton Oyate, Tribo Yankton Sioux, Tribo Spirit Lake Sioux, Tribo Sioux de Standing Rock, Três Tribos Afiliadas, Turtle Mountain Band of Chippewa, Nação Blackfeet, Tribo Chippewa Cree, Tribo Crow, Comunidade Indígena de Fort Belknap, Tribo Fort Peck e Tribo Cheyenne do Norte.

C. Tempo necessário para os participantes individuais:

Duas a três horas.

D. Compensação aos participantes:

Cada participante receberá amostras de produtos para lanches do InterTribal Buffalo Council como compensação pela realização de uma entrevista.

E. Benefícios para os participantes:

Conhecimento sobre a forma como outras tribos alcançaram a sustentabilidade.

F. Métodos:

Este projeto combina métodos qualitativos e quantitativos para investigar a gestão de programas tribais de búfalos. Será utilizada uma abordagem de estudo de caso para comparar dezoito programas tribais diferentes de gestão de bisontes em reservas na área das Grandes Planícies, que inclui os estados do Dakota do Sul, Dakota do Norte e Montana. Os gestores serão entrevistados para determinar os estilos de gestão, a história da manada (população), a genética e a importância económica. Cada gestor gere um programa de búfalos para uma das tribos da região das Grandes Planícies. Serão enviados inquéritos ao conselho tribal de cada tribo para determinar se os objectivos da tribo são os mesmos que os do programa de búfalos. Os planos de gestão de búfalos no escritório do InterTribal Buffalo Council (ITBC) serão utilizados para outros dados, incluindo o tamanho dos rebanhos, as bases de terra, o tamanho das pastagens, a história do programa de búfalos, a história dos búfalos na tribo, os planos de marketing, se indicados, e as necessidades financeiras do programa de búfalos.

G. Riscos para os participantes:

Nenhum

H. Redução de riscos:

Nenhum

I. Confidencialidade:

Nenhuma informação será partilhada com o público, exceto se os participantes derem autorização para tal. As informações serão guardadas com a Dra. Diane Rickerl, o Dr. Tim Nichols, o Sr. Jim Stone e a Sra. Heather Hatfield-Herrod. Os nomes, endereços e números de telefone serão guardados com as pessoas acima mencionadas.

J. Recrutamento:

Os gestores individuais de búfalos concordaram em participar na investigação porque têm um investimento mútuo na sustentabilidade dos seus programas tribais de búfalos.

1. Revisão do plano de gestão

Os búfalos desempenhavam um papel fundamental em muitas tribos da região das Grandes Planícies. Os búfalos eram importantes para a alimentação, a economia, a cultura e a espiritualidade desses povos tribais.

Por conseguinte, previa-se que estas culturas entrariam em declínio com o abate dos búfalos, que começou no início da década de 1870.

"O General Sheridan disse à legislatura do Texas que os caçadores de peles de búfalo 'fizeram (...) mais para resolver a questão dos índios do que todo o exército regular .... Estão a destruir o comissariado dos índios.... Em nome de uma paz duradoura, deixem-nos matar, esfolar e vender até que os búfalos sejam exterminados". No final da década de 1880, mais de 30 milhões de búfalos tinham sido abatidos. Restavam menos de mil". (Nies, 1996, p. 281)

À medida que muitas tribos nativas americanas começaram a estabelecer a sua soberania e programas culturais, os programas de bisontes começaram também a estabelecer-se. Algumas tribos têm programas de búfalos há muitos anos, enquanto outras estão apenas a começar.

Quando as tribos começaram a estabelecer manadas de búfalos, havia muito pouca investigação ou assistência financeira disponível para as orientar na construção de programas sustentáveis de búfalos, especialmente tendo em conta a sua relação histórica e venerada com o animal.

No início dos anos 90, um grupo de membros tribais e membros da Native American Fish &

O Serviço de Vida Selvagem reconheceu que havia necessidade de uma organização para ajudar na reintrodução de búfalos em terras tribais. A Intertribal Bison Cooperative foi criada em 1992 para ajudar no restabelecimento de:

> "rebanhos de búfalos em terras indígenas de uma forma que promova a valorização cultural, a revitalização espiritual, a restauração ecológica e o desenvolvimento económico.... Restabelecer populações saudáveis de búfalos em terras tribais é restabelecer a esperança para os povos indígenas. Os membros da Inter Tribal Bison Cooperative (ITBC) entenderam que a reintrodução do búfalo nas terras tribais ajudará a curar o espírito tanto do povo índio como do búfalo. Embora algumas tribos e membros de tribos tenham estado envolvidos na produção de búfalos para venda e/ou para subsistência e uso cultural, estas actividades têm sido conduzidas por cada tribo individualmente, com pouca ou nenhuma colaboração entre tribos" (Intertribal Buffalo Council).

Com a ajuda do ITBC, mais de 15.000 búfalos foram recebidos pelas tribos membros. Para receberem subvenções ou bisontes excedentários do ITBC, as tribos têm de apresentar planos de gestão dos búfalos à sede. Isto garante a existência de um plano para cuidar dos búfalos, bem como dos recursos naturais de que um programa de búfalos necessita para ser sustentável.

No entanto, a atividade recente sugere que as tribos ainda precisam de assistência e investigação sobre o tema da sustentabilidade. Com a perda de programas tribais de búfalos devido a problemas financeiros ou práticas de gestão inadequadas, começam a surgir questões. O que torna um programa de búfalos mais bem-sucedido do que outro?

Como é que os programas tribais de búfalos se podem tornar sustentáveis e o que é que torna esses programas sustentáveis? É a economia, a cultura, o tamanho da população de búfalos ou a genética? Ou todos estes factores combinados?

Os planos de gestão de búfalos submetidos ao ITBC foram analisados e comparados para investigar essas questões, bem como a gestão dos dezoito diferentes programas tribais de búfalos, utilizando uma abordagem de estudo de caso. A análise dos planos de gestão de búfalos incluiu a revisão de tácticas de gestão específicas, incluindo a economia, a população, a genética e a cultura.

2. Entrevistas com gestores de bisontes

Dezoito gestores de programas tribais de búfalos da região das Grandes Planícies foram convidados a ser entrevistados. Essas tribos incluíam: Tribo Sioux do Rio Cheyenne, Tribo Sioux de Crow Creek, Tribo Sioux de Flandreau Santee, Tribo Sioux de Lower Brule, Tribo Sioux de Oglala, Tribo Sioux de Rosebud, Sisseton-Wahpeton Oyate, Tribo Sioux de Yankton, Tribo Sioux de Spirit Lake, Tribo Sioux de Standing Rock, Três Tribos Afiliadas, Turtle Mountain Band of Chippewa, Nação Blackfeet, Tribo Chippewa Cree, Tribo Crow, Comunidade Indígena de Fort Belknap, Tribo Fort Peck e Tribo Cheyenne do Norte.

O documento que se segue é o guião da entrevista que foi utilizado para as entrevistas realizadas.

GUIA DE ENTREVISTA

Nome: Reserva: Hora e data da entrevista:

Introdução: Como devem saber, estou a realizar uma investigação sobre a sustentabilidade das manadas tribais de búfalos na região das Grandes Planícies. Como parte da minha investigação, estou a desenvolver uma série de estudos de caso que proporcionarão uma melhor compreensão das diferentes abordagens à gestão de búfalos tribais que estão a ser aplicadas na região.

Obrigado por concordar em partilhar os seus conhecimentos. O seu nome e os detalhes específicos do seu programa de gestão de búfalos serão mantidos confidenciais. Os conhecimentos adquiridos com a investigação serão partilhados consigo e com outros programas tribais de búfalos. Se tiver alguma sugestão ou ideia sobre a minha investigação, não hesite em partilhar comigo.

Antes de mais, gostaria de fazer uma pergunta específica sobre o vosso programa tribal de búfalos.

1. Como é que se tornou o gestor da manada tribal de búfalos?
2. Há quanto tempo é o gestor do efetivo?
3. Que saibam, há quanto tempo é que a tribo tem búfalos?
4. Como é que a tribo adquiriu os primeiros animais?
5. O que é um ano típico de gestão de efectivos para a tribo?
   a. Tem alguma prática de alimentação? (erva, suplemento, etc.)
   b. Tem alguma prática em matéria de saúde dos efectivos? (vacinações, cuidados veterinários, etc.)
   c. Tem alguma prática em relação à época de reprodução, época de parto, etc.?
   d. Realiza alguma atividade de recolha? Desmame?
   e. Identificam os vossos animais? Marcas auriculares? Chip? Outros métodos?
6. A abordagem tribal de gestão de búfalos mudou ao longo dos anos?
7. Ao tomar decisões de gestão, quais são as principais prioridades?
8. Quem toma as decisões de gestão relativas à manada tribal?
9. Quantos búfalos fazem parte da manada tribal?
10. Como é que estes números mudaram desde que é o gestor tribal dos búfalos?
11. Tanto quanto sabe, a tribo espera ou tem planos para aumentar a manada? Porquê ou porque não?

Em seguida, gostaria de fazer perguntas relacionadas com questões fundiárias relativas à manada tribal de búfalos.

12. Quantos hectares tem o(s) pasto(s) para búfalos?
13. Na sua opinião, qual é o estado da(s) pastagem(ões) dos búfalos?
14. Observou alguma alteração na(s) pastagem(ões) desde que é o gestor?
15. Quais são as fontes de água na(s) pastagem(ns)?
16. Como é que o gestor de búfalos toma decisões sobre as taxas de povoamento?
17. A realização de uma avaliação da área de cultivo pode ajudar a determinar as AUM. Alguma vez teve uma avaliação da área de cultivo efectuada pelo BIA ou pelo NRCS? Se sim, quando?
18. Pratica algum sistema de pastoreio? (sazonal, anual, rotativo, etc.)
19. Quais são ou foram algumas das questões importantes relacionadas com as terras associadas à manada de búfalos? Como é que abordou estas questões?

A genética tem desempenhado um papel importante em alguns programas de búfalos em todo o país índio. Gostaria de lhe fazer algumas perguntas sobre a sua perspetiva relativamente à genética dos búfalos.

20. Como definiria a pureza genética do búfalo? Qual é a sua opinião sobre a pureza genética do búfalo?
21. Pelo que sabe, a tribo quer búfalos geneticamente puros?
22. A genética desempenha um papel na gestão do programa de búfalos?

A genética também desempenha um papel na dinâmica populacional e no rastreio da vida selvagem. Gostaria de vos fazer algumas perguntas sobre a população de búfalos.

24. Trazem novos touros? Com que frequência?
25. Quais são as suas ferramentas actuais para gerir a população de búfalos?
   a. Tem caças para troféus? Se sim, quantas por ano?
   b. Leva algum búfalo vivo para os leilões? Quantos é que vende?
   c. Fazem a colheita de búfalos? Com que frequência? Com que objetivo (controlo da população ou outro)?
26. Quais são as idades comuns dos animais colhidos ou vendidos?
27. Também gere a vida selvagem?
   a. Existe uma população específica de animais selvagens que é gerida por si (ou seja, veados, alces, antílopes, etc.)?
   b. É permitida a caça no(s) pasto(s) de búfalos?
   c. Existem corredores de vida selvagem em toda a pastagem?
   d. Ao determinar os AUM, tem em consideração a vida selvagem?

As considerações culturais são um fator importante para as tribos nativas americanas no que diz respeito ao búfalo. Gostaria de lhe fazer perguntas sobre a sua perspetiva da componente cultural do programa tribal de búfalos.

28. Conheces as práticas culturais da tua tribo em relação aos búfalos?
29. O que acha de partilhar a cultura dos búfalos da sua tribo? (Se sim ou ok, colocar a pergunta 21).
30. Quais são algumas dessas práticas?
31. Existem objectivos culturais ligados ao programa dos búfalos?
32. Os objectivos culturais têm impacto nas suas técnicas de gestão de búfalos? Se sim, como?

33. Tem alguma história tradicional de búfalos que gostaria de partilhar?
A economia é outro fator importante na gestão dos búfalos. Com as minhas próximas perguntas, gostaria de o interrogar sobre estas questões relacionadas com o programa do búfalo.
34. Quais são os objectivos económicos do seu programa de búfalos?
35. Como é que o programa Buffalo é financiado? Subsídios, reserva tribal, etc.?
36. O que é que faz com a sua carne? Subprodutos?
37. Dá de comer carne de búfalo? Em caso afirmativo, colocar a pergunta 32.
38. Com que frequência é dada carne e a quem é que a dão? Aos membros da tribo, aos programas da tribo ou a ambos?
39. Atualmente, tem alguma prática de comercialização relativa ao programa de búfalos? Carne, caça, venda de vitelos, etc.?
40. Como descreveria o bem-estar financeiro do seu programa de búfalos?
41. Quais são alguns dos problemas financeiros com que tem sido confrontado enquanto gestor do búfalo? Como é que está a lidar com isso?
Um dos objectivos de muitas tribos é criar um programa de búfalos sustentável. Gostaria de vos fazer perguntas sobre a sustentabilidade.
42. O que é que acha que significa a palavra sustentável?
43. Na sua opinião, o que é que pode tornar um programa de búfalos sustentável?
Por último, tenho algumas perguntas sobre a sua experiência global como responsável pelos búfalos.
44. Quais foram alguns dos maiores obstáculos ao sucesso do programa de búfalos?
45. Quais são, na sua opinião, as maiores necessidades do programa dos búfalos?
46. Quais são os planos para o futuro do programa de búfalos e da manada?
47. Quais são os seus maiores sucessos?
48. Que conselhos daria a outros programas de búfalos?
49. Tem mais algum comentário ou pergunta?
Obrigado pelo vosso tempo e assistência. Agradeço a vossa participação.

3. Inquéritos

Foram enviados inquéritos aos conselhos tribais de todas as dezoito tribos para determinar se os objectivos da tribo são os mesmos que os objectivos do programa de búfalos. Foram devolvidos muito poucos inquéritos, pelo que o inquérito foi enviado para o conselho do InterTribal Buffalo Council.
A direção do ITBC é composta por um representante tribal de cada uma das cinquenta e cinco tribos que são membros. Os representantes dessas cinquenta e cinco tribos preencheram o inquérito. Segue-se a carta de apresentação e o inquérito efetivamente utilizado.
Caros membros do Conselho Tribal:
Como devem saber, eu (Heather Hatfield, Prestadora de Serviços Técnicos do ITBC) estou a realizar uma investigação sobre a sustentabilidade das manadas tribais de búfalos na região das Grandes Planícies. Como parte da minha investigação, estou a desenvolver uma série de estudos de caso que irão proporcionar uma melhor compreensão das diferentes abordagens à gestão dos búfalos tribais aplicadas na região.
Obrigado por concordar em partilhar os seus conhecimentos. Seu nome e detalhes específicos do seu programa de manejo de búfalos e/ou tribo serão mantidos em sigilo. Os conhecimentos adquiridos com a investigação serão partilhados consigo e com outros programas tribais de búfalos. Se tiver alguma sugestão ou ideia sobre a minha investigação, não hesite em partilhá-la comigo.
Nome: Cargo:Tribo:

Inquérito aos búfalos

1. Acredita que o programa dos búfalos é uma parte importante da tribo?
Sim Não Não tenho a certeza
2. Porquê ou porque não? ____
3. Em que medida apoia ou se opõe ao programa dos búfalos?
Opõe-se firmemente Opõe-se Nem apoia Apoia fortemente Apoia fortemente
4. Até que ponto acha que a tribo apoia ou se opõe ao programa dos búfalos?
Opõe-se firmemente Opõe-se Nem apoia Apoia fortemente Apoia fortemente
5. Que saiba, o programa Buffalo foi iniciado para:
Fins culturais Comercialização Conservação Outros:
6. O seu programa de búfalos doa carne? Sim Não Não sei
7. Em caso afirmativo, o programa faz donativos a indivíduos ou a programas? Se souber a percentagem aproximada, indique-a. Sim Não Não sei
A particulares?Sim Não Não sei Percentagem aproximada
Para programas? Sim Não Não sei Percentagem aproximada
Especificar quais os programas: ____

8. Como avalia as condições actuais da(s) pastagem(ões) de búfalos?
Muito bom Bom Bom Razoável Fraco Não tenho a certeza
9. Como classificaria a saúde atual do búfalo?
Muito bom Bom Bom Razoável Fraco Não tenho a certeza
10. Como classificaria a saúde financeira do programa Buffalo?
Muito bom Bom Bom Razoável Fraco Não tenho a certeza
11. O programa de búfalos recebe financiamento da tribo? Se souber a percentagem aproximada, indique-a.
___SimNãoNão___ se sabe Percentagem aproximada

De subvenções?Sim Não Não sei Percentagem aproximada

Venda de búfalos vivos? ____ SimNãoNão __ se sabe Percentagem aproximada

Venda de carne de búfalo?___ SimNãoNãoSabePorcentagem aproximada

De caças de troféu?Sim Não Não sei Percentagem aproximada

Outros (especificar):____

12. Como classificaria a situação geral do programa Búfalo?
Muito bom Bom Bom Razoável Pobre
13. Qual é, na sua opinião, a maior necessidade do programa Buffalo?
Financiamento Gestão do território Marketing Outros
14. No que diz respeito à sustentabilidade, que factores são importantes para a sustentabilidade do programa de búfalos?
Rendimento do programa de apoio financeiro tribal Apoio aos membros tribais
Saúde do rebanho Saúde das pastagens Utilização tribal do consumo de carne
Utilização tribal para fins educativos
15. Considera que o programa de búfalos tribais é um programa sustentável?
Sim Não Não tenho a certeza
16. Como pensa que o seu programa poderia tornar-se mais sustentável?
17. Que conselhos pode dar a outras tribos que queiram iniciar ou melhorar os seus programas de búfalos?
18. Há alguma coisa que ache que deva ser alterada ou melhorada no programa búfalo/carneiro?
19. Considera que a sua tribo está a recuperar os búfalos de uma forma compatível com as suas crenças e/ou práticas espirituais e culturais? Sim Não Não tenho a certeza
20. Porquê ou porque não? ____
21. Até que ponto concordas ou discordas desta afirmação? "Os bisontes são uma espécie em vias de extinção".
Concordo Discordo Não tenho a certeza
Outros comentários ou sugestões para esta investigação:

____

____

Capítulo 3

Resultados e discussão dos planos de gestão

Das 18 tribos que estavam a ser investigadas, 13 tribos tinham um plano de gestão em arquivo no gabinete do InterTribal Buffalo Council (ITBC). Esses 13 planos foram estudados e examinados utilizando a abordagem de análise de conteúdo. O quadro 3 mostra quais as tribos que tinham planos de gestão em arquivo e o ano em que foram arquivados no ITBC (se indicado).

Tabela 3: Planos tribais de gestão de búfalos

	Tribo	Plano de gestão em arquivo
1	Tribo Sioux do Rio Cheyenne	Não
2	Tribo Sioux de Crow Creek	Sim-2005
3	Tribo Sioux de Flandreau Santee	Sim-2006
4	Tribo Sioux de Lower Brule	Sim -1997
5	Tribo Oglala Sioux	Não
6	Tribo Sioux de Rosebud	Sim-2009
7	Sisseton Wahpeton	Sim - 2006
8	Tribo Sioux de Yankton	Sim-2005
9	Tribo Sioux de Spirit Lake	Sim - 2006
10	Tribo Sioux de Standing Rock	Sim - 2006
11	Três filiados	Sim-2006
12	Montanha da Tartaruga	Não

13	Nação Blackfeet	Não
14	Chippewa Cree	Não
15	Tribo Crow	Sim
16	Forte Belknap	Sim -1997
17	Forte Peck	Sim - 2006
18	Cheyenne do Norte	Sim - 2006

Objetivo 1: Comparar os estilos de gestão dos programas tribais de búfalos em toda a região Norte Região das Planícies

A dimensão das manadas de búfalos das tribos que tinham planos de gestão em arquivo variava entre 102 e 353. O tamanho dessas pastagens variava de 545 acres a 20.000 acres. A Tabela 4 mostra os números retirados dos planos de gestão. A taxa média de povoamento era de 20 acres por animal.

Quadro 4: Tamanho do rebanho e das pastagens das tribos

	Tribo	Número de búfalos	Acres para o búfalo
1	Crow Creek	170	1440
2	Flandreau Santee	211	749
3	Baixo Brule	220	4600
4	Botão de rosa	300	4563
5	Sisseton	353	1400
6	Yankton	102	545
7	Lago Espiritual	220	2000
8	Standing Rock	204	3765

9	Três filiados	220	20,000
10	Tribo Crow	Não indicado no plano	Não indicado no plano
11	Forte Belknap	280	10,355
12	Forte Peck	140	4553
13	Cheyenne do Norte	200	Não indicado

Cada uma das tribos tinha objectivos de gestão diferentes, mas todas elas pareciam ter uma abordagem geral de não interferência com o pastoreio durante todo o ano. Dos 13 planos de gestão, apenas 4 declararam que a rotação de pastagens fazia parte do seu plano de gestão. A maioria também utiliza um mínimo de alimentação suplementar e de manuseamento.

Cada uma das tribos tinha objectivos de gestão que incluíam a preocupação de manter o ecossistema. Seguem-se alguns exemplos:

- Crow Creek - "Além disso, a pastagem de bisontes destinava-se a restaurar a pradaria nativa sob o estatuto de reserva de caça com caça grossa limitada para proporcionar uma área de refúgio para pronghorn, whitetail e veados-mula."
- Northern Cheyenne - para "fornecer um programa de produção de bisontes ecologicamente sustentável que reflicta princípios sólidos de pastoreio e gestão de rebanhos".
- Fort Belknap - para "desenvolver um programa de gestão de pastagens para o pasto de Snake Butte que considera o comportamento e a ecologia dos bisontes, bem como os recursos forrageiros".
- Lower Brule - "A terra precisa do bisonte, a espécie-chave para a saúde de todo o ecossistema. As pessoas precisam do bisonte para fornecer o que o gado e as ovelhas não podem - um meio de subsistência sustentável que se baseia no melhor da cultura do rancho existente: um compromisso com a terra."
- Standing Rock - "Assegurar um equilíbrio entre as condições/produtividade da área de distribuição e as exigências de consumo da nossa manada de bisontes."

Embora cada tribo tenha definido os seus objectivos de gestão de forma única, todas elas tentavam manter-se dentro da capacidade de carga da terra.

<u>Objetivo 2: Determinar como a cultura, a população e a comunidade de búfalos, a genética dos búfalos e a economia desempenham um papel na gestão sustentável dos búfalos tribais</u>

1. <u>Cultura</u>

A maioria dos planos de maneio cita fortes laços com o significado do búfalo para a cultura nativa americana como razão para a existência do programa de búfalos. Outros planos de gestão indicam um "objetivo cultural" para que a manada seja acessível aos membros da tribo (doações de carne).

Seguem-se exemplos de aspectos culturais que foram incluídos nos planos de gestão:

- Crow Creek - "A intenção inicial de iniciar a manada de bisontes da tribo foi a de restabelecer a ligação entre o vasto aspeto cultural dos bisontes e a tribo Crow Creek" e "do ponto de vista cultural, a manada de bisontes proporcionará um
ligação às muitas necessidades espirituais e culturais da tribo".
- Cheyenne do Norte - "A Tribo Cheyenne do Norte sempre colocou o Esevone (búfalo) acima de todas as outras utilizações culturais e espirituais nas cerimónias. Esta é a primeira e mais importante razão pela qual a tribo e os seus membros acolheram a restauração do Esevone na reserva."
- Lower Brule afirma que os benefícios culturais são importantes para a expansão das suas pastagens. "Os membros da tribo continuarão a estar em posição de manter as suas crenças culturais e valores espirituais na sua relação com o búfalo. Os búfalos continuarão a ser oferecidos para pow-wows e outras celebrações tribais, conforme solicitado."
- Fort Peck - que a "recuperação do bisonte inclui o restabelecimento destas ligações culturais com o bisonte, e parte da futura gestão do bisonte incluirá a investigação e a consulta dos mais velhos para registar, em pormenor, os aspectos históricos do bisonte".
- Tribo Sioux de Flandreau Santee - "Quando os búfalos começaram a desaparecer, o mesmo aconteceu com

o nosso povo. Agora temos uma razão para olhar para o futuro. Os bisontes são um elo crucial para os nossos antepassados e para o objetivo de restaurar a nossa cultura e identidade espiritual, bem como para proporcionar uma base económica muito necessária."

É importante entender a razão pela qual um programa de búfalos foi iniciado para saber se essa razão mudou à medida que o programa se desenvolve. Vários dos programas declaram que o programa foi iniciado para fins culturais, mas não declaram se o programa ainda está preocupado com a cultura ou se agora é um programa apenas para negócios.

2. <u>População e comunidade de Buffalo</u>

A dimensão das manadas de búfalos variava consoante as tribos. No entanto, nove dos treze planos de gestão declararam ter uma política de abate em vigor. Esta política destina-se a evitar o sobrepastoreio das terras de pastagem que estão a ser utilizadas.

Seguem-se exemplos de práticas de abate dos planos de gestão:

- Spirit Lake - "Foi implementada uma prática rigorosa de abate: se uma vaca não produzir um vitelo vivo, é eliminada da manada e é mantida uma novilha para a substituir. Também tentamos manter um rácio touro/vaca de aproximadamente 1:10".
- Tribo Sioux de Yankton - o abate é feito "para fornecer carne de bisonte aos membros da tribo para utilização em cerimónias e eventos culturais".
- Rosebud - "Os níveis da manada têm variado ao longo do tempo, com base na disponibilidade de habitat e pastagens, na capacidade de carga, nas caçadas de búfalos para membros e não membros da tribo, na procura pública de carne de búfalo por parte dos membros da tribo, nas vendas de animais vivos à Inter-Tribal Bison Cooperative, Pte Hca Ka Inc., Cheyenne River Sioux Tribe, e na necessidade de reduzir a manada para um nível mais manejável sem afetar o nosso programa de alimentação suplementar de inverno."

A maioria dos planos de gestão de búfalos declara que abate os animais para fornecer carne aos membros da tribo e para manter a população de búfalos dentro da capacidade de carga das terras tribais.

Outras preocupações relativas à população incluem o rácio touro/vaca. Apenas quatro dos planos de gestão de búfalos mencionam o rácio de touros:

- Rosebud - o rácio atual de touros é de 1:40, mas afirmam que o rácio ideal seria de 1:10
- Sisseton - rácio touro 1:15
- Spirit Lake - rácio de touros 1:10
- Standing Rock - rácio de touro 1:10

Tal como referido anteriormente, ter demasiados touros pode criar problemas como a destruição de linhas de vedação.

Quatro dos planos de gestão também mencionam a rotação de touros por razões populacionais (para evitar a consanguinidade): Lower Brule, Sisseton, Yankton e Fort Peck. Estas tribos utilizam os touros excedentários do ITBC ou gostariam de trocar com outras tribos para satisfazer as necessidades de rotação de touros. A utilização de touros excedentários evita a consanguinidade e aumenta a diversidade genética.

3. <u>Genética do búfalo</u>

Embora a genética do búfalo se tenha tornado um problema para a espécie em geral, dos 13 planos apenas dois mencionam a pureza genética do búfalo: Sisseton Wahpeton Oyate e Standing Rock Sioux Tribe. Outros planos de gestão mencionam a genética nos seus objectivos de gestão como forma de melhorar a saúde das manadas.

Seguem-se exemplos dos planos de gestão:

- Sisseton Wahpeton Oyate tem o plano de gestão genética mais forte para manter a pureza e a diversidade. Esta tribo tem uma política rigorosa de abate e os seus objectivos incluem a pureza genética. O seu plano afirma: "A SWO tem a sorte de ter juntado bisontes de vários grupos genéticos independentes. Dada uma escolha igual de abate de indivíduos, a genética deve ser utilizada para tomar a decisão final (de abate)/" Estão também atualmente a investigar a pureza da manada de búfalos. "Esta ciência está agora disponível a um custo razoável para determinar a pureza dos bisontes. Muitas manadas apresentam os traços genéticos de bisontes de sangue puro, mas apenas 80 a 99% são bisontes puros. Quando este estudo estiver concluído, estes dados podem ser acrescentados às decisões de abate".
- Standing Rock indica a necessidade de um perfil de ADN da sua manada de bisontes. Embora alguns animais da nossa manada pareçam ser "de sangue puro", podem, de facto, estar contaminados por ADN. Recebemos bisontes excedentários de várias fontes ao longo dos anos, o que pode ter resultado na contaminação de qualquer bisonte puro que tivéssemos originalmente ... O objetivo final é tornar a manada totalmente de bisontes puros".
- Um dos objectivos do plano de gestão dos búfalos de Northern Cheyenne é "manter uma manada de bisontes sem doenças e geneticamente saudável, com estruturas de idade e sexo desejáveis".
- A Rosebud declara que a sua política de gestão consiste em "manter uma população saudável e geneticamente viável
população de búfalos".

4. Economia

Quatro planos de gestão incluíam um orçamento e/ou uma lista de potenciais financiamentos que o programa poderia receber. Os outros planos não incluíam um orçamento nem indicavam como as suas necessidades financeiras estavam a ser satisfeitas ou poderiam ser satisfeitas no futuro. A economia é outra parte importante dos planos de gestão, uma vez que, para se tornar um programa sustentável, os gestores do programa precisam de saber onde está o financiamento para poderem funcionar.

Seguem-se alguns exemplos dos planos de gestão relativos à economia:

- Crow Creek - "Os bisontes também se destinavam a proporcionar receitas económicas à tribo através da venda de licenças de caça, produtos à base de carne, subprodutos da cabeça e da pele."
- Spirit Lake - "O objetivo geral da tribo Spirit Lake em relação à manada de bisontes é desenvolver uma manada económica e ecologicamente autossustentável."
- Lower Brule - "Durante muitos anos, a tribo manteve a estabilidade e o crescimento da manada, mas não utilizou os seus bisontes para fins de leilão. Isto era visto como uma forma de lucrar com os búfalos e esse comportamento ia contra a espiritualidade de alguns dos seus membros."

5. Outros

Outro tema que foi retirado dos planos de gestão foi a educação. A educação é considerada um aspeto importante dos programas para os búfalos.

Seguem-se alguns exemplos dos planos de gestão:

- Fort Belknap afirma que um dos seus objectivos de gestão é "desenvolver um programa educativo para membros e não membros da tribo sobre a importância do bisonte na cultura indígena e a importância e o papel do bisonte no ecossistema da pradaria".
- Lower Brule afirma que "o local servirá de ambiente de aprendizagem para estudantes interessados na criação de animais, conservação, ecologia e gestão de rebanhos e instalações de bisontes. Através dessas experiências de aprendizagem, os membros da tribo manterão a sua relação espiritual e cultural natural com o búfalo, ao mesmo tempo que [o pessoal da vida selvagem] poderá melhorar o seu desenvolvimento profissional na área da gestão dos bisontes."
- A Tribo Sioux de Standing Rock afirma que "aprendemos com os bisontes todos os dias. Os bisontes são orientados para a família e cuidam e protegem a sua família imediata. Eles virão em auxílio de indivíduos feridos ou magoados".

Outro tema foi a importância do InterTribal Buffalo Council (ITBC). Todos os planos de gestão mencionaram o ITBC, mas poucos referem a razão pela qual a organização é importante para o programa do búfalo.

Seguem-se alguns exemplos:

- Crow Creek - "O ITBC é uma fonte de subvenções para o desenvolvimento de programas para bisontes, assistência técnica e, periodicamente, assistência à comercialização."
- Fort Belknap - "Alguns touros e/ou vacas de um ano serão trocados anualmente com outros ITBC Rebanhos tribais para assegurar que o rebanho mantenha a sua diversidade genética".
- Standing Rock - "Temos contado com a Cooperativa Intertribal de Bisontes (ITBC)... para ajudar as tribos a obter bisontes para introduzir nas reservas. Também fornecem assistência técnica limitada e representam várias tribos a nível nacional. Temos sido bem sucedidos na obtenção de financiamento para projectos especiais ao longo dos anos através da ITBC e atribuímos a esta organização o apoio ao País Indígena ao longo dos anos."

Por isso, uma agência tribal central, como a ITBC, é importante para a sustentabilidade. Esta organização ajuda as tribos a adquirir búfalos excedentes, bem como a financiar os programas para que possam existir.

Objetivo 3: Determinar como um programa tribal de búfalos pode alcançar a sustentabilidade

Parece que a maioria das tribos iniciou os seus programas de búfalos estritamente para fins culturais. As tribos afirmam a necessidade de restabelecer as ligações culturais com o búfalo. Por exemplo, o plano de gestão de búfalos de Fort Belknap afirma,

> "As tribos Gros Ventre e Assiniboine têm uma longa história de laços económicos e culturais com o bisonte. Antigamente, os bisontes eram a base da economia das tribos e tinham um significado espiritual para os povos Gros Ventre e Assiniboine ... A recuperação do bisonte inclui o restabelecimento destes laços culturais com o bisonte".

As populações tribais defendem que o búfalo não só faça parte da paisagem, mas também do abastecimento alimentar dos membros da tribo. Por exemplo, o plano de gestão dos búfalos de Crow Creek afirma: "Os nativos americanos estão a atravessar uma crise de saúde. As taxas de diabetes, colesterol elevado, tensão arterial elevada, doenças cardíacas e outras enfermidades são muitas vezes superiores à média nacional. Isto pode estar diretamente relacionado com as modernas dietas ricas em açúcar/gordura/calorias. Há potencial para restaurar a carne de bisonte como um componente importante da dieta diária dos membros das tribos para ajudar a travar este declínio alarmante da saúde dos nativos americanos".

Ao utilizar o búfalo culturalmente, a manada é mantida porque há uma necessidade vital de que o búfalo esteja presente. Os búfalos são uma lembrança diária das necessidades de sobrevivência passadas, presentes e futuras das tribos. Por exemplo, o plano de gestão dos búfalos de Flandreau afirma

> "A cultura nativa americana e a cultura do búfalo são uma só, sem uma a outra está incompleta... Quando os búfalos começaram a desaparecer, o mesmo aconteceu com o nosso povo. Agora temos uma razão para olhar para o futuro. Os bisontes são um elo crucial para os nossos antepassados e para o objetivo de restaurar a identidade cultural e espiritual".

No entanto, alguns dos programas tribais de búfalos começaram a procurar empreendimentos de marketing para tornar os seus programas mais auto-sustentáveis. A economia tornou-se um problema à medida que os custos de manutenção do equipamento e das vedações aumentam. Além disso, o custo da alimentação suplementar para os animais tem de ser suportado. A Tabela 5 resume os factores de sustentabilidade que foram determinados pela análise dos planos de gestão de búfalos em arquivo. Os factores foram classificados de Baixo (0 - 3), Médio (4 - 8), ou Alto (9 -13) com base no número de tribos que incluíram os factores nos seus planos de maneio de búfalos.

Fator	Nível de importância	Tribos que incluem o fator no plano	Definição/Exemplo
Cultura	Elevado	Crow Creek, Cheyenne do Norte, Brule inferior, Flandreau, Rosebud, Sisseton, Yankton, Spirit Lake, Standing Rock, Três Afiliados, Fort Belknap, Fort Peck	Carne de búfalo doada pelo programa de búfalos para powwows, Sundance's e outras cerimónias; utilização em orações
Ecossistema Saúde	Médio	Cheyenne do Norte, Brule de Baixo, Sisseton, Spirit Lake, Fort Belknap	Qualidade da área, capacidade de carga
Comunidade Apoio	Elevado	Crow Creek, Flandreau, Rosebud, Sisseton, Yankton, Spirit Lake, Standing Rock, Três Afiliados, Fort Belknap, Fort Peck	Doação de carne de búfalo do programa de búfalos para idosos, escolas, programas de diabetes
Económico Estabilidade	Médio	Crow Creek, Fort Belknap, Fort Peck, Yankton	Incluiu orçamentos para cobrir os custos de vedação, gestão e necessidades de saúde animal

Rebanho sonoro Gestão	Médio	Rosebud, Sisseton, Spirit Lake, Standing Rock, Três Afiliados, Baixo Brule	Mostrar respeito, gestão sem mãos, manutenção da saúde do efetivo
Genética Diversidade	Elevado	Brule inferior, Rosebud, Yankton, Fort Belknap, Fort Peck, Sisseton, Spirit Lago, Standing Rock, Três Afiliados	Evitar a consanguinidade, evitar as deformações, rodar os touros, abater
Pureza genética	Baixa	Sisseton, Standing Rock	Testes genéticos e abate, esforço para 100% genes de búfalo
Educação Componente	Médio	Cheyenne do Norte, Forte Belknap, Spirit Lake, Lower Brule, Fort Peck, Flandreau, Standing Rock	Ensinar a cultura à tribo e a pessoas de fora, ensinar ecologia e princípios de exploração, aprender com o comportamento animal
Central Tribal Organização	Médio	Crow Creek, Flandreau, Rosebud, Sisseton, Standing Rock, Fort Belknap, Forte Peck	Importância do ITBC para manter registos, ajudar a financiar e prestar serviços de compra e venda de animais

Capítulo 4

Resultados e discussão das entrevistas

Das 18 tribos que estavam a ser investigadas, foram entrevistados gestores de búfalos de 12 dessas tribos. Seis das entrevistas foram realizadas presencialmente e as restantes seis foram realizadas posteriormente por telefone. As entrevistas telefónicas foram feitas devido à distância, pois o entrevistador mudou-se para fora do estado e já não trabalhava com o ITBC. A Tabela 6 ilustra quais tribos foram entrevistadas e quais não foram. As entrevistas em si foram mantidas em sigilo.

Quadro 6: Entrevistas efectuadas

	Tribo	Entrevista
1	Tribo Sioux do Rio Cheyenne	Sim
2	Tribo Sioux de Crow Creek	Não
3	Tribo Sioux de Flandreau Santee	Sim
4	Tribo Sioux de Lower Brule	Sim
5	Tribo Oglala Sioux	Sim
6	Tribo Sioux de Rosebud	Não
7	Sisseton Wahpeton	Não
8	Tribo Sioux de Yankton	Sim
9	Tribo Sioux de Spirit Lake	Sim
10	Tribo Sioux de Standing Rock	Sim
11	Três filiados	Não

12	Montanha da Tartaruga	Não
13	Nação Blackfeet	Sim
14	Chippewa Cree	Não
15	Tribo Crow	Sim
16	Forte Belknap	Sim
17	Forte Peck	Sim
18	Cheyenne do Norte	Sim

Objetivo 1: Comparar os estilos de gestão dos programas tribais de búfalos na Região das Planícies do Norte

A experiência dos gestores entrevistados variava entre seis meses e 26 anos. O estilo de gestão era tipicamente uma abordagem sem intervenção, com pastoreio durante todo o ano, alimentação suplementar conforme necessário e manuseamento mínimo. A maioria das tribos, 83% (10), não tinha um programa de vacinação para além da desparasitação ou da conjuntivite, conforme necessário. Duas das tribos (17%), no entanto, vacinam seus bezerros.

Seguem-se exemplos de abordagens de gestão descritas nas entrevistas:

- "Deixamo-los pastar e tentamos não nos meter com eles... deixamo-los correr e ser búfalos".
- "... é estritamente sem mãos. Mantê-los cá dentro e alimentá-los."

De acordo com as entrevistas, 33,4% (4) das tribos declararam que fazem pastoreio rotativo, as outras 66,6% (8) indicaram que as suas pastagens estão abertas para os búfalos se movimentarem livremente de uma área para outra. Onze das tribos (92%) entrevistadas indicaram que as suas pastagens estavam em boas ou excelentes condições e apenas uma tribo afirmou que as suas pastagens estavam sobrepastoreadas. As taxas de lotação foram estabelecidas por diferentes organizações, incluindo o Bureau of Indian Affairs (BIA), o Natural Resource Conservation Service (NRCS), a Farm Service Agency (FSA), biólogos tribais e/ou o gabinete da autoridade territorial tribal. Além disso, as entrevistas mostraram que todos os 12 programas de búfalos foram objeto de avaliações, embora um tenha declarado que a última foi realizada em 1976.

Seguem-se exemplos de práticas de gestão de áreas protegidas descritas nas entrevistas:

- "Não tenho cercas cruzadas, é apenas um grande pasto e eles movem-se por conta própria."
- "Não consideramos os AUM como uma prioridade, porque estamos a entrar numa área mais vasta. Mais vale ser um criador de gado. Está a começar a tratar o búfalo como um animal doméstico, enquanto nós . . . olhamos para o búfalo como um animal selvagem."

Todos os gestores tribais de búfalos têm também uma abordagem não interventiva das práticas de criação. Os touros e as vacas podem andar à vontade. Os touros não são separados das vacas e, à exceção de uma tribo, os vitelos não são desmamados e ficam com as mães.

Seguem-se alguns exemplos de gestão da criação de búfalos:

- "O instinto natural dos búfalos é saberem quando está na hora...".
- "Não, eles correm todos juntos. Separam-se melhor do que nós. Eles sabem o que

que estão a fazer".

As principais prioridades de gestão dos gestores de rebanhos tribais variavam, mas a saúde do rebanho e das pessoas estava na vanguarda das suas decisões de gestão.

Seguem-se alguns exemplos:

- "As principais prioridades são um rebanho saudável e a seguinte é fornecer carne às comunidades tribais."
- "As principais prioridades são, basicamente, as nossas necessidades culturais e as nossas necessidades alimentares, que são a nossa prioridade em relação às necessidades económicas... Estamos a tentar garantir que as pessoas com diabetes sejam servidas em primeiro lugar".

As decisões de gestão relativas ao programa de búfalos também variavam de tribo para tribo. Embora as decisões diárias parecessem ser tomadas pelo gestor do búfalo/gestor do rebanho, outras decisões eram tomadas com os líderes tribais.

- "As pequenas decisões passam pelo gestor dos búfalos e, normalmente, consultam-nos... o departamento de biologia dos parques e recreio... as grandes decisões passam pelo conselho dos parques e recreio e as decisões mais importantes passam pelo comité de terras e as decisões ainda mais importantes passam pelo conselho tribal completo".
- "A decisão final cabe ao conselho tribal. As decisões de gestão quotidiana são tomadas pelo gerente dos búfalos e eu próprio como seu supervisor".

A maioria das tribos (92%) espera expandir as suas manadas de búfalos e as suas pastagens. No entanto, a disponibilidade de terras é limitada, tendo quatro tribos declarado que estavam à espera de uma base de terras maior.

- "Está na resolução tribal ... que fazemos todos os esforços para aumentar o rebanho para os membros da tribo e para sustentar as necessidades dos membros da tribo."

As preocupações dos gestores tribais de búfalos quanto à gestão das terras incluíam a falta de terras disponíveis para pastagens de búfalos, ervas daninhas nocivas e problemas de vedação.

<u>Objetivo 2: Determinar como a cultura, a população e a comunidade de búfalos, a genética dos búfalos e a economia desempenham um papel na gestão sustentável dos búfalos tribais</u>

1. <u>Cultura</u>

A importância do búfalo foi elevada entre os entrevistados. O facto de saberem que os seus antepassados viveram da existência destes animais torna-os culturalmente significativos. Os búfalos não eram apenas uma parte importante da dieta dos membros da tribo, mas uma parte da existência quotidiana, incluindo o uso espiritual e emocional.

- "Estão na paisagem e as pessoas podem vê-las e saber que é isto que fomos e somos e não esquecer".
- "Quero dizer, saber que eles andam por aí e que ainda existem."
- "Acho que um dos objectivos é manter uma manada de búfalos lá."
- "As nossas culturas ajudam-nos primeiro".
- "Basicamente, o importante é manter as práticas culturais... mas, para manter as práticas culturais, é preciso dinheiro para manter a manada de búfalos saudável... e que todos saibam que a manada de búfalos é muito importante para o povo índio do ponto de vista cultural, porque basicamente os búfalos forneciam tudo o que precisávamos e utilizávamo-los não só para a alimentação e o vestuário, mas também para as nossas orações".

Os gestores dos rebanhos tribais sentiram que as pessoas viviam em harmonia com os búfalos e que isso é algo que as pessoas devem continuar a experimentar. Os gestores do rebanho de búfalos acreditam que, ao aumentar continuamente o programa de búfalos, a saúde do povo pode ser restaurada.

2. <u>População e comunidade de búfalos</u>

A população das manadas tribais de búfalos foi mantida sob controlo com a utilização de caças aos troféus em 58% (7) das tribos entrevistadas, embora 17% (2) digam que as caças aos troféus foram utilizadas como medida de controlo da população, mas não de forma consistente.

- "Essa é a nossa principal ferramenta - as caçadas. Provavelmente oferecemos cerca de 50 caçadas por ano para membros tribais e não tribais. Sim, essa é a nossa principal ferramenta para controlar a manada."
- "... as nossas pastagens de búfalos não são oficialmente chamadas de pastagens de búfalos, são chamadas de áreas de caça e a ideia por detrás disso era que também cercássemos os alces e geríssemos os alces, mas parece que eles entram e saem das pastagens como bem entendem."

Outra medida de controlo da população é o leilão de animais vivos. Duas das tribos (17%) utilizam leilões, enquanto outras duas tribos (17%) utilizam compradores privados.

Por último, 100% das tribos entrevistadas indicaram que colhem búfalos para carne. Os búfalos colhidos são utilizados principalmente para fins culturais, sendo a carne destinada a cada uma das comunidades tribais. A idade dos animais colhidos varia consoante a tribo, desde os animais de um ano até aos animais de seis anos.

No que diz respeito a outras comunidades biológicas nas pastagens de búfalos, 58% (7) das tribos também gerem a vida selvagem, incluindo alces e/ou veados. No entanto, as taxas de povoamento não são geralmente consideradas para a vida selvagem, uma vez que os gestores acreditam que a maioria da vida selvagem apenas passa pelas pastagens de búfalos. Apenas duas das tribos (17%) permitem a caça nas pastagens, mas é apenas para caça grossa, normalmente alces.

3. Genética do búfalo

A genética ainda era um tema questionável. Havia muitas variações sobre o que as tribos pensavam, no que diz respeito à genética. Algumas tribos pensam que os búfalos devem ser mantidos como estão e criados para criar uma raça de búfalos mais saudável e mais forte, enquanto outras acreditam que os búfalos devem ser mantidos puros.

- "*Acho* que se parece um búfalo, se age como um búfalo, então é um búfalo."
- "Para além de trazer alguns touros, para que haja alguma diversidade."
- "E para ser totalmente honesto convosco .... (a tribo) não gosta que se façam mais testes... então tudo o que se está a fazer é estudar os animais para os manter num sistema de curral para os trazer todos os meses e testá-los nisto e naquilo, não é natural".
- "Se parece um búfalo, é um búfalo, tal como as tribos hoje em dia. São muito poucos os full bloods, devido à forma como as coisas são. Historicamente, tem havido casamentos intertribais e esse tipo de coisas. Mas, ao mesmo tempo, também posso respeitar a necessidade dessa pureza genética para garantir a sobrevivência do búfalo puro".

A questão da consanguinidade é uma preocupação de 50% (6) das tribos entrevistadas. 50% (6) das tribos entrevistadas também trazem touros novos a cada 2-6 anos, que podem ou não ser as mesmas tribos que se preocupam com a consanguinidade.

- Não sei como funciona a genética, mas pelo que sinto... agora são todos consanguíneos".

4. Economia

As manadas tribais de búfalos são apoiadas por uma variedade de fontes. A maioria das tribos entrevistadas, 75% (9), indicou que a principal fonte de apoio financeiro provém de subsídios, incluindo subsídios oferecidos pelo ITBC. A receita da venda de búfalos vivos também foi uma fonte de renda para 50% (6) das tribos, com a receita sendo revertida para o programa de búfalos. Apenas cinco das tribos (42%) disseram ter um programa de comercialização. Essas tribos comercializam a venda de bezerros, a venda de animais vivos, e/ou caças para troféus. Uma outra tribo disse que só comercializa os seus animais através do boca a boca.

Os objectivos económicos dos programas tribais de búfalos incluem o seguinte:

- "Acho que a principal é o facto de poderem pagar por si próprios/'
- "... muitas pessoas ... envolvidas no programa gostariam de o ver tornar-se autossustentável ... gostariam de o ver pagar-se a si próprio ... talvez não necessariamente para enriquecer a tribo, mas apenas para se manter".
- "O objetivo final é criar um programa autossustentável para fornecer carne à comunidade tribal, dar emprego aos membros da tribo e manter a ligação cultural com o búfalo."

Entre os entrevistados, as questões financeiras incluíam a obtenção de dinheiro para as subvenções "equivalentes" e a manutenção de vedações e currais.

- "... nunca há dinheiro suficiente para comprar o que é preciso para o búfalo... há sempre vedações para arranjar, há sempre currais para arranjar..."
- "Não há qualquer financiamento para os búfalos. Nós juntamos o que podemos e sobrevivemos".

5. Outros

Algumas das necessidades dos programas de búfalos incluíam maior financiamento, inclusão cultural, melhor gestão do programa de búfalos e até a necessidade de ter planos de gestão de búfalos.

- "... é uma questão de manter o equilíbrio entre a cultura e a economia... para que possamos sustentá-los".
- "Finanças. E terras. Se não é a terra, são as finanças."

A educação foi um tópico mencionado com bastante frequência durante o processo de entrevista. A necessidade de educar não só os não-índios mas também as comunidades tribais locais parece ser importante para todas as tribos entrevistadas.

- "O nosso plano futuro é continuar a educar o nosso povo para que pelo menos duas gerações compreendam o valor do búfalo."
- "Toda a gente aprendeu a importância deste animal e a continuar a mantê-lo como vida selvagem."

Objetivo 3: Determinar como um programa tribal de búfalos pode alcançar a sustentabilidade

Os entrevistados têm uma compreensão do que significa sustentabilidade (Tabela 7) e sentem que os programas de búfalos podem ser sustentáveis se puderem cuidar da população tribal através da doação de carne. Ao longo das perguntas da entrevista, um dos temas principais foi a idéia de sustentabilidade - que até que a população de búfalos seja grande o suficiente para sustentar a população tribal do
região das Grandes Planícies que os programas para búfalos não são sustentáveis.

Quadro 7 Sustentabilidade definida a partir de entrevistas tribais

O que significa sustentável?	O que pode tornar um programa de búfalos sustentável?
Algo que existe e é renovável	Saúde do efetivo e reprodução
Ser autossuficiente e viver sem muita ajuda	Bem, a terra, claro, e tem de haver algumas práticas culturais e económicas para ser sustentável
Capaz de se desenvolver sozinho sem demasiado exterior apoio	Bem, dinheiro... precisamos de uma boa gestão e de boas instalações
Sustentável significa que somos capazes de funcionar para realizar uma função sem qualquer assistência	1 Penso que o rebanho sustentável ideal tem de ter uma boa visão dos objectivos. Tem de ser equilibrado em termos de costumes, tradições, valores do nosso povo e práticas de gestão com boas técnicas de manuseamento
Sólido. Talvez em bom estado.	O apoio dos nossos líderes tribais - se eles apoiarem o búfalo, o búfalo estará sempre presente.
Manter a terra disponível em quantidade suficiente para manter os números de que necessita sem sobrepastoreio, mantendo-a num nível que permita a sua utilização durante anos e anos	Controlar a capacidade de carga, controlar as vendas, vender as colheitas de vitelos, geri-las de modo a evitar o sobrepastoreio
Para que os animais tenham o suficiente para se manterem	Um meio de comercialização estável e fiável
Manter um efetivo disponível - manter o nosso efetivo a um nível que permita manter as questões de doação de carne para fins culturais	1. Para começar, é a própria pastagem, para além dos factores pessoas e população

Significa algo que é, de facto, como um movimento perpétuo	Que tenha mais autonomia em relação à política tribal. Que
tipo de máquina que cuida de si própria e funciona para sempre. É essa a minha ideia de sustentabilidade	o programa é gerido mais como uma empresa e, assim, as receitas geradas por esse programa podem ser reinvestidas no programa para o tornar sustentável.
Sustentável é sobreviver financeiramente com o seu programa	Boas práticas comerciais
A auto-sustentabilidade é a capacidade de cuidar de si própria financeiramente e permitir que a tribo contrate um gestor que possa supervisionar estes búfalos	Penso que, neste momento, o nosso primeiro passo seria a criação de um curral e a obtenção de uma quota-parte justa de animais do ITBC
Sustentável é autossustentável. 1 palpite com muito pouca ajuda de outras entidades	Vendas, venda de animais - para mim, 1 acho que seria isso - caçadas.

Capítulo 5

Resultados e discussão dos inquéritos

Os inquéritos foram enviados por fax e por correio eletrónico para as 18 tribos que estavam a ser investigadas. Esperava-se que os membros do conselho tribal os preenchessem e os devolvessem. Cada tribo tinha um número diferente de membros do conselho tribal, mas esperava-se que fossem devolvidos, no mínimo, cinco inquéritos por tribo (presidente tribal, vice-presidente, tesoureiro, secretário e sargento de armas), o que corresponde a um total de 90 devoluções esperadas.

Os inquéritos foram enviados por fax e por correio eletrónico em três ocasiões diferentes e, como só foram devolvidos alguns inquéritos (8), foi alterado o envio dos inquéritos para a reunião do Conselho de Administração do InterTribal Buffalo Council. Foram devolvidos mais 14 inquéritos após a reunião do Conselho de Administração, num total de 22 inquéritos.

Objetivo 1: Comparar os estilos de gestão dos programas tribais de búfalos na Região das Planícies do Norte

A gestão das pastagens de búfalos parece ser do conhecimento geral dos inquiridos. Dos 22 inquéritos, as respostas foram as seguintes: 14% (3) caracterizaram o maneio das pastagens de búfalos como muito bom; 45% (10) como bom; 32% (7) como regular; 9% (2) como regular; e 0 como não seguro. Com a maioria dos inquiridos a concordar que as pastagens de búfalos estavam em boas condições, está implícito que a gestão do programa de búfalos está a ser gerida de uma boa forma. No entanto, é importante notar que estas respostas se baseiam nas auto-avaliações dos inquiridos.

A saúde da manada de búfalos também parece ser conhecida entre os inquiridos. Dos 22 inquéritos, 23% (5) caracterizaram a saúde do rebanho da sua tribo como muito boa; 64% (14) como boa; 9% (2) como razoável; 0 como má; e 0 não tinham a certeza. Com a maioria dos inquiridos a concordar que a manada de búfalos estava em boas condições, presume-se que a manada está de boa saúde.

Objetivo 2: Determinar de que forma a cultura, a população e a comunidade de búfalos, a genética dos búfalos e a economia desempenham um papel na gestão sustentável dos búfalos tribais

1. Cultura

Dos 22 inquéritos - 91% (20) disseram que sim, que acreditam que o seu programa de búfalos é uma parte importante da tribo; 4,5% (1) disseram que não; e 4,5% (1) disseram não ter a certeza.

Foram feitos comentários sobre a importância do programa dos búfalos para a cultura:

- "Parte importante da história".
- "Preocupações culturais e de saúde".
- "Olhamos para o búfalo como sendo o que somos enquanto povo."
- "É importante que a tribo reconecte os nossos jovens com a nossa cultura e os búfalos desempenham uma ligação muito importante."
- "Nós nascemos do búfalo."
- "O búfalo é uma grande parte do uso espiritual e de saúde das tribos."
  "Trouxe de volta uma nova consciência cultural."

Dos 22 inquéritos - 77% (17) disseram que a sua tribo estava a restaurar os búfalos de uma forma compatível com as suas crenças e/ou práticas espirituais e culturais; 9% (2) disseram que não; 9% disseram que não tinham a certeza; e 5% não responderam.

Comentários sobre a utilização cultural:

- "Há cada vez mais pessoas a regressar às práticas espirituais e culturais."
- "As cerimónias estão a ser restauradas, os jovens estão envolvidos e as pessoas têm orgulho em ver o rebanho."
- "Porque as crenças e práticas espirituais e culturais são sempre colocadas na vanguarda do que fazemos quando lidamos com os nossos búfalos."
- "Porque o búfalo é um animal muito sagrado para a nossa cultura e crenças."
- "Desenvolvimento cultural e iniciativa de saúde e abastecimento alimentar".
- "Porque não gerimos o nosso rebanho como gado".

2. População e comunidade de búfalos

As populações de rebanhos de búfalos nas comunidades tribais são controladas pela recolha de animais. De acordo com os inquéritos, 86% (19) têm programas de búfalos que doam carne. Para além disso, 45% (10) dos inquéritos afirmaram que os seus programas têm venda de animais vivos; 41% (9) têm venda de carne; e 32% (7) têm caça a troféus.

3. Genética do búfalo

A única pergunta relativa à genética era se concordavam ou discordavam da seguinte afirmação: "O bisonte é uma espécie em vias de extinção". Dos inquiridos, 55% (12) concordaram com essa afirmação; 18% (4) discordaram dessa afirmação; e 27% (6) não tinham a certeza se concordavam ou discordavam.

Esta afirmação é importante no que respeita à genética do búfalo. Se a tribo está em busca de búfalos 100% puros, então assumimos que a maioria concordaria que os búfalos são uma espécie em vias de extinção. As respostas aos inquéritos mostram que esta suposição não era correta. Este foi um ponto fraco do inquérito. Mais perguntas, especificamente sobre a pureza genética, teriam reforçado os dados.

Comentários:

- "Estão em perigo porque as suas pastagens e terras de origem estão a ser retiradas e o seu habitat natural está a ser invadido por cidades e vilas".
- "Não é selvagem."
- "Concordamos que os búfalos estão em perigo devido ao abate de todos os animais em excesso. A procura excede largamente a oferta."

4. Economia

Dos 22 inquéritos, 4,5% (1) classificariam a saúde financeira do programa dos búfalos como muito boa; 41% (9) classificaram como bom; 36% (8) como regular; 9% (2) como mau; e 4,5% (1) como inseguro.

Dos 22 inquéritos, 68% (15) disseram que sim "o programa dos búfalos recebe dinheiro da tribo"; 23% (5) disseram que não; e 9% (2) não tinham a certeza.

Entre as fontes de financiamento, foram assinaladas as seguintes:

- Das subvenções - 68% (15) sim; 4,5% (1) não; 9% (2) não têm a certeza
- Da venda de búfalos vivos - 45% (10) sim; 23% (5) não; 14% (3) não têm a certeza
- Da venda de carne de búfalo - 41% (9) sim; 27% (6) não; 14% (3) não têm a certeza
- De caças de troféu - 32% (7) sim; 50% (11) não; 4,5% (1) não tem a certeza

A maioria dos inquiridos parece concordar que o bem-estar financeiro do programa do búfalo está em boas condições, se não muito boas, e que podem ser obtidos mais fundos por outros meios (vendas, caçadas, etc.).

Objetivo 3: Determinar como um programa tribal de búfalos pode alcançar a sustentabilidade

Dos 22 inquéritos, 91% (20) dos inquiridos acreditam que o seu programa de búfalos é sustentável; 4,5% não acreditam; e 4,5% não têm a certeza.

Entre os factores que são importantes para a sustentabilidade, foram assinalados como importantes os seguintes

- Apoio financeiro tribal - 64% (14)
- Receitas do programa - 36% (8)
  Apoio dos membros da tribo - 45% (10)
- Saúde do efetivo - 64% (14)
- Saúde do alcance - 54% (12)
- Utilização tribal de carne de búfalo - 59% (13)
- Utilização tribal para a educação - 64% (14)

Comentários sobre o programa de búfalos que está a tornar-se mais sustentável:

- "Apoio/financiamento dos membros da tribo".
- "Mais adesão dos membros da tribo, o que nos permitiria obter mais terras."
- "Sinto que, desde que o nosso programa tenha financiamento, pode manter-se por si só, o conselho tribal aprovou uma resolução para devolver ao programa todo o dinheiro gerado pelo programa."
- "As tribos precisam de aumentar o rebanho de búfalos e as pastagens para gerar mais receitas."
- "Mais búfalos e mais pessoal."
- "Financiamento".
- "Precisamos de mais terra para não estarmos a suplementar tanto a alimentação."
- "Mais financiamento através de subvenções".
- "Mais terra e animais".

A Tabela 8 resume os factores importantes para a sustentabilidade que foram determinados a partir da análise dos dados do inquérito. Os factores foram classificados de Baixo (0 - 33%), Médio (34 - 66%), ou Alto (67- 100%).

Fator	Nível de importância	Inquéritos que concordam com o fator	Definição/Exemplo
Cultura	Elevado	91% concordaram 95,5% de acordo	Parte importante da tribo Programa iniciado para fins culturais

Ecossistema Saúde	Médio	45% disseram bom 14% disseram muito bom	Estado atual de pastagem de búfalos
Comunidade Apoio	Elevado	95,5% de acordo	Apoiar fortemente o búfalo programa
Económico Estabilidade	Médio	64% disseram bom 68% acreditam que é tribal financiado	Saúde económica Financiamento da tribo
Rebanho sonoro Gestão	Médio	50% consideraram-na boa	Situação geral dos búfalos programa
Pureza genética	Médio	55% concordam com a afirmação	"Os bisontes são uma espécies ameaçadas de extinção"
Educação Componente	Médio	64% afirmaram que este era um fator importante para a sustentabilidade	Utilização tribal para fins educativos

Conclusão

Sustentabilidade global das manadas de búfalos reintroduzidas

"Por isso, o óleo de soja que posso usar *é o de manter viva essa cultura e tradição".*

Nesta secção, serão apresentadas e discutidas as conclusões e os factores de sustentabilidade. A primeira observação feita é a diversidade dos programas de búfalos examinados. Cada tribo era única no tamanho do rebanho e do pasto. Os gerentes tribais de rebanhos de búfalos entrevistados também variavam em níveis de experiência e envolvimento com os búfalos. Cada tribo tinha uma visão diferente do que significava sustentabilidade para seus programas tribais, mas cada uma mencionou que apenas "ter" o búfalo presente era considerado um sucesso.

As limitações deste estudo incluíam uma pequena dimensão da amostra, uma baixa taxa de resposta aos inquéritos e o facto de algumas das perguntas se basearem na autoavaliação. As respostas às questões relativas à capacidade de carga, à qualidade da pastagem e à saúde do rebanho basearam-se numa autoavaliação dada pelo indivíduo entrevistado/inquirido.

A Tabela 9 enumera os factores de sustentabilidade e os níveis de importância entre as tribos estudadas, resumindo os três dados de entrada (planos de gestão, entrevistas, inquéritos).

Quadro 9: Factores de sustentabilidade determinados a partir da investigação concluída

Fator	Nível de importância	Definição/Exemplo
Cultura	Elevado	Carne de búfalo doada pelo programa de búfalos para pow-wows, Sundance's e outras cerimónias; utilização em orações
Saúde do ecossistema	Elevado	Qualidade da área, capacidade de carga
Apoio comunitário	Elevado	Doação de carne de búfalo do programa de búfalos para idosos, escolas, programas de diabetes
Estabilidade económica	Médio	Saúde financeira para cobrir os custos de vedação, gestão e necessidades de saúde animal
Gestão de rebanhos	Médio	Mostrar respeito, gestão sem mãos, manutenção da saúde do efetivo

Diversidade genética	Elevado	Evitar a consanguinidade, evitar deformações, touros de rotação, abate
Pureza genética	Baixa	Testes genéticos e abate, lutar para genes 100% búfalo
Componente educativa	Médio	Ensinar a cultura à tribo e pessoas de fora, ensinam ecologia e princípios, aprender com os animais comportamento
Central Tribal Organização	Médio	Importância do ITBC para manter registos, ajudar a financiar e prestar serviços de compra e venda de animais

Objetivo 1: Comparar os estilos de gestão dos programas tribais de búfalos na Região das Planícies do Norte

As tribos praticavam uma abordagem não interventiva na gestão dos búfalos. Isto incluía pouco ou nenhum manuseamento, nenhuma vacinação, nenhuma assistência durante as épocas de parto ou de reprodução, nenhum teste de doenças e uma alimentação suplementar mínima.

E embora as tribos individuais tenham terras reservadas para os búfalos, muitas delas não acham que sejam suficientes. A maioria das tribos entrevistadas mencionou a necessidade de mais terras para expandir o programa de búfalos.

A maioria das tribos acreditava que as pastagens existentes para os búfalos estavam em boas condições.

Havia um respeito pela terra e pela manutenção de um ambiente saudável. Todas as tribos afirmaram que tinham fontes de água adequadas nos pastos de búfalos. A taxa de lotação variava entre as tribos, sendo que algumas utilizavam os regulamentos do BIA, do NRCS e das tribos. No entanto, todas as tribos tentam manter-se dentro de algum tipo de capacidade de carga. Apenas um par de tribos praticava o pastoreio rotativo, sendo que a maioria das tribos tinha apenas "um grande pasto" e deixava os búfalos vaguearem por onde quisessem.

Objetivo 2: Determinar como a cultura, a população e a comunidade de búfalos, a genética dos búfalos e a economia desempenham um papel na gestão sustentável dos búfalos tribais

1. Cultura

Ao longo da investigação realizada, a cultura foi o tema principal dos planos de gestão, das entrevistas e dos inquéritos. Apesar de algumas tribos terem afirmado que não tinham objectivos culturais relativamente à sua gestão, a cultura continua a ser uma parte muito forte do programa dos búfalos.

Todas as tribos entrevistadas mencionaram a doação de carne de búfalo tanto para indivíduos como para programas tribais. A carne de cada uma das manadas também era doada para eventos como pow-wows, cerimónias, velórios e funerais.

2. População e comunidade

O controlo da população das manadas de búfalos também foi discutido entre as tribos. Ao colher búfalos para fins culturais, a população era mantida dentro da capacidade de carga. As tribos também praticavam a rotação de touros e mantinham um rácio touro/vaca, embora este variasse entre as tribos de 1:10 a 1:20.

Embora a maior parte das tribos não faça a gestão da vida selvagem nas pastagens de búfalos, estão conscientes de que certas espécies de vida selvagem passam por elas. No entanto, todas as tribos não permitiram a caça nos pastos de búfalos, com exceção da 'caça grossa'.

3. Genética

A maioria das tribos não declarou a genética como uma preocupação importante na gestão tribal dos búfalos. As tribos evitam a consanguinidade trazendo novos touros ou "trocando" com outras tribos para manter alguma diversidade genética nos seus rebanhos. No que respeita à pureza genética, a maioria das tribos declarou que se "parece um búfalo, age como um búfalo, é um búfalo".

Freese et al. afirma que "algumas populações de bisontes com baixos níveis de introgressão de gado doméstico podem também ser alvos valiosos de conservação devido à sua importância histórica e constituição genética única e porque podem presumivelmente cumprir o papel ecológico do bisonte" (Freese, et al., 2006, p. 179) e "as tribos adoptam frequentemente uma abordagem 'não interventiva' na gestão dos bisontes e permitem, na medida do possível, que o processo natural se desenvolva. Uma vez que muitas das manadas tribais de bisontes foram iniciadas ou reforçadas com bisontes excedentários de parques e refúgios nacionais, algumas manadas podem estar livres de introgressão de gado doméstico" (Freese, et al., 2006, p. 181).

É importante mencionar este facto porque a gestão tribal não inclui tratar os búfalos como gado. A maioria das tribos estudadas não dispunha de vedações transversais e não eliminava os genes do gado. Preferiam deixar a natureza seguir o seu curso.

4. Economia

Os objectivos económicos de cada uma das tribos eram diferentes, mas, na sua maioria, cada uma expressou a necessidade de ser autossuficiente. Foi referido que é necessário que o programa de búfalos seja capaz de se auto-sustentar. No entanto, também foi expresso que a necessidade de cuidar das pessoas superava a necessidade de a tribo "enriquecer" com o programa do búfalo.

Nenhum dos gestores tribais dependia completamente das vendas de búfalos para gerar receitas para o programa de búfalos. Todas as tribos tinham outras fontes de rendimento, incluindo subsídios, fundos tribais e a venda de caças de troféus.

As questões financeiras incluíam a manutenção do equipamento e das vedações. Isto tornou-se um grande fardo para estes programas, uma vez que o financiamento pode ser limitado quando se trata de búfalos e da sua gestão.

5. Outros temas

A educação foi um tema mencionado em todos os planos de gestão, entrevistas e inquéritos.

O Conselho Intertribal de Búfalos também foi mencionado com frequência nos planos de gestão e nas entrevistas como uma parte importante no início e na manutenção dos programas tribais de búfalos.

Objetivo 3: Determinar como um programa tribal de búfalos pode alcançar a sustentabilidade

A revisão dos dados (Tabela 9) revelou que factores são considerados importantes para os programas tribais de búfalos e como as tribos definiriam a sustentabilidade. As tribos que procuram a sustentabilidade nos seus programas de búfalos devem considerar cuidadosamente estes componentes básicos e determinar o peso dado a cada um para atingir os seus próprios objectivos. Isto poderia ser uma parte do plano de gestão apresentado pela tribo ao ITBC, com objectivos detalhados para cada componente. Por exemplo, se a educação for classificada como de grande importância, que actividades educativas serão desenvolvidas para atingir esse objetivo? Pormenores sobre quantas pessoas, que grupo etário, que pedagogia, etc. poderiam fazer parte do plano de gestão para alcançar a sustentabilidade. É evidente que a cultura, a saúde do ecossistema, o apoio da comunidade, a educação e a diversidade genética do rebanho são factores importantes. A economia, a pureza genética e até mesmo a boa gestão do rebanho (dada a abordagem "hands off") são menos importantes, mas ainda assim consideradas.

A sustentabilidade das manadas tribais de búfalos nas Grandes Planícies do Norte não se baseia na economia ou no marketing, mas na cultura. As tribos reconhecem um profundo respeito pelo búfalo, uma vez que o animal representa mais do que apenas um cifrão; representa o passado, o presente e o futuro de muitas pessoas que em tempos dependeram do animal para sobreviver. A educação dos povos nativos e não nativos sobre o búfalo continua a ser uma necessidade para ajudar as pessoas a compreender a importância e o significado dessa relação. Os dados apresentados neste documento oferecem uma visão valiosa sobre os desafios e perspectivas das tribos nas suas lutas para reintroduzir e manter os búfalos nas suas respectivas reservas.

Literatura citada

Agricultura, S. M. (2009, abril). *Custos de vedação.* Recuperado em 20 de janeiro de 2011, de Government of Saskatchewan: http://www.agriculture.gov.sk/ca/Default.aspx?DN=c339823b-4b8e-8987-46957c437d5a

Anderson, S. H., Beiswenger, R. E., & Purdom, A. P. (1993). *Environmental Science: Quarta Edição.* MacMillan Publishing Company.

Bailey, J. A. (1984). *Principles of Wildlife Management.* John Wiley & Sons.

Barth, G. (1998). *The Lewis and Clark Expedition.* Bedford/St.Martin's.

Berg, B. L. (2009). *Qualitative Research Methods for the Social Sciences [Métodos de investigação qualitativa para as ciências sociais].* Allyn & Bacon.

Bolen, E. G., & Robinson, W. L. (1999). *Wildlife Ecology & Management.* Prentice Hall.

Bone, E. (2008). Bison's Back. *Sunset,* 80 - 83.

Brewer, R. (1994). *A Ciência da Ecologia.* Sanders College Publishing.

Brown, J. E. (1953). *The Sacred Pipe (O Cachimbo Sagrado).* Imprensa da Universidade de Oklahoma.

Callenbach, E. (1996). *Bring Back the Buffalo: A Sustainable Future for America's Great Plains.* University of California Press.

Callison, C. H. (1957). *America's Natural Resources.* The Ronald Press Company.

Canby, W. C. (1981). *American Indian Low.* West Publishing Co.

Canby, W. C. (1981). *American Indian Law.* West Publishing Company.

Chase, A. (1987). *Brincando de Deus em Yellowstone.* Harcourt Brace & Company.

Cornell, S., & Jorgensen, M. (2007, maio). The Nature and Components of Economic Development in Indian Country [A Natureza e os Componentes do Desenvolvimento Económico no País Indígena].

Cox, G. (1997). *Conservation Biology: segunda edição.* The McGraw Hill Companies, Inc.

Cunningham, W. P. (2008). *Environmental Science: Uma Preocupação Global* (Décima ed.). McGraw-Hill.

Cunningham, W., M.A., C., & Saigo, B. (2007). *Ciência Ambiental: Uma Preocupação Global.* McGraw Hill.

Dary, D. A. (1974). *O Livro do Búfalo: The Saga of an American Symbol.* Nova Iorque, NY: Avon Books.

DeMallie, R. J. (1985). *O Sexto Avô: Ensinamentos do Alce Negro dados a John G. Neihardt.* University of Nebraska Press.

Ambiente e Gestão de Recursos, (n.d.). Obtido em 24 de dezembro de 2010, do Governo de Queensland: http://www.derm.qld.gov.au/environmental_management/sustainability/index.html

Freese, C. H., Aune, K. E., Boyd, D. P., Derr, J. N., Forrest, S. C., Gates, C. C., et al. (2006). Second Chance for the Plains Bison (Segunda oportunidade para o bisonte das planícies). *Biological Conservation,* 175-184.

Garbarino, M. S., & Sasso, R. F. (1994). *Native American Heritage.* Waveland Press.

Grinde, D. A., & Johansen, B. E. (1995). *Ecocide of Native America.* Clear Light Publishers.

Haines, F. (1970). *The Buffalo.* Thomas Y. Crowell Company.

Halbert, N. D., & Derr, J. N. (2007). A Comprehensive Evaluation of Cattle Introgression into US Federal Bison Herds. *Journal of Heredity,* 1-12.

Halbert, N., Gogan, P. J., Heibert, R., & Derr, J. (2007, 22 de junho). *Ciência dos Parques.* Recuperado em 26 de janeiro de 2012, de Serviço Nacional de Parques : http://www.nature.nps.gov/parkscience/index.cfm?Page=4

Hedrick, P. W. (2009). Conservation Genetics and North American Bison (Bison bison). *Journal of Heredity,* 411 - 420.

Honadle, G. (1999). *How Context Matters (Como o contexto é importante): Linking Environmental Policy to People and Place.* Kumarian Press.

Conselho Intertribal de Búfalos, (n.d.). Obtido em 6 de novembro de 2011, de http://www.itbcbison.com

James, K. (2001). *Science and Native American Communities.* University of Nebraska Press, Lincoln e Londres.

Jean, T. (2003). *365 dias de caminhada na estrada vermelha: The Native American Path to Leading a Spiritual Life Every Day [O Caminho Nativo Americano para Levar uma Vida Espiritual Todos os Dias].* Adams Media.

Knapp, A. K., Blair, J. M., Collins, S. L., Hartnett, D. C., Johnson, L. C., & Towne, E. G. (1999, janeiro). The Keystone Role of Bison in North American Tailgrass Prairie. *Bioscience, ¿9(1),* 39 -

50.
Krausman, P. R., Naugle, D. E., Frisina, M. R., Northrup, R., Vleich, V. C., Block, W. M., et al. (2009). Pecuária
Grazing, Wildlife Habitat, and Rangeland Values. *Rangelands,* 15 -19.
Kretzmann, J. P., & McKnight, J. L. (1993). *Building Communities From The Inside Out: A Path Toward Finding and Mobilizing A Community's Assets (Um caminho para encontrar e mobilizar os activos de uma comunidade). ACTA* Publications.
Leedy, P. D. (2010). *Investigação prática: Planning and Design.* Pearson.
Lott, D. F. (2002). *American Bison: A Natural History.* University of California Press.
Lulka, D. (2006). Bison and the Food Distribution Program on Indian Reservations (O bisonte e o programa de distribuição de alimentos nas reservas indígenas). *Great Plains Research,* 73-84.
Marshall, J. M. (2004). *The Journey of Crazy Horse [A Viagem de Cavalo Louco].* Nova York, NY: Penguin Group.
Matthiessen, P. (1980). *In the Spirit of Crazy Horse [No Espírito do Cavalo Louco].* Penguin Group.
Miller, K. L. (2002, maio). Planning for Bison Grazing on Native Rangeland (Planeamento do pastoreio de bisontes em pastagens nativas). *USDA - Recursos Naturais Conservation ServicefTechnical Note 12),* 1 - 6.
National Bison Association, (n.d.). Obtido em 26 de março de 2012, de http://www.bisoncentral.com/about- bison/current-status
Refúgio Nacional de Vida Selvagem de Bison Range, (n.d.). Recuperado em 20 de novembro de 2011, de U.S. Fish & Wildlife Service:
http://www.fws.gov/bisonrange/nbr/Aboutus.htm
Nies, J. (1996). *Native American History.* Nova Iorque: Ballantine Books.
O'Brien, M. (2000). *Making Better Environmental Decisons: An Alternative to Risk Assessment.* Environmental Research Foundation.
Reader's Digest. (1995). *Through Indian Eyes: The Untold Story of Native American People.* Reader's Digest Association, Inc.
Redfearn, D. D., & Bidwell, T. G. (n.d.). Taxa de lotação: The key to successful livestock production. Recuperado
dezembro de 2010, de http://pods.dasnr.okstate.edu/docushare/dsweb/Get/Document-2050/PSS-2871web.pdf
Smith, D. H. (2000). *Modern Tribal Development: Paths to Self-Sufficiency and Cultural Integrity in Indian Country [Caminhos para a Autossuficiência e Integridade Cultural no País Indígena].* AltaMira Press.
Smith, G.-H. (1958). *Conservation of Natural Resources (Conservação dos Recursos Naturais).* John Wiley & Sons, Inc.
Stapp, D. C., & Burney, M. S. (2002). *Tribal Cultural Resource Management: The Full Circle to Stewardship.*
Lanham, MD: Rowman & Littlefield Publishers, Inc.
Steelquist, R. U. (1998). *Field Guide to the North American Bison (Guia de Campo do Bisonte Norte-Americano).* Sasquatch Books.
Desenvolvimento Sustentável, (n.d.). Recuperado em 24 de dezembro de 2010, de Wikipedia: http:/en.wikipedia.org/wiki/Sustainable_development
Taylor, R. W. (2012). *Taking Sides: Clashing Views in Sustainability [Tomando partido: pontos de vista conflitantes sobre sustentabilidade].* The McGraw-Hill Companies, Inc.
Truett, J. C., Phillips, M., Kunkel, K., & Miller, R. (2001, primavera). Managing Bison to Restore Biodiversity (Gerir o bisonte para restaurar a biodiversidade). *Great Plains Research,* 11(1), 123 - 144.
Agência de Proteção Ambiental dos EUA, (n.d.). Recuperado em 24 de dezembro de 2010, de http:/epa.gov/sustainability/basicinfo.htm
Walker, J. R. (1991). *Lakota Belief and Ritual (Crença e Ritual Lakota).* University of Nebraska Press.
Warren, W. W. (1984). *History of the Ojibway People (História do Povo Ojibway).* Sociedade Histórica do Minnesota.
Parque Nacional de Yellowstone. (n.d.). Recuperado em 20 de novembro de 2011, de National Park Service:
http://www.nps.gov/yell/index.htm

MIX
Papier aus verantwortungsvollen Quellen
Paper from responsible sources
FSC® C105338

Printed by Books on Demand GmbH, Norderstedt / Germany